普通高等教育"十三五"规划教材

Web 编程基础
——HTML+CSS+JavaScript

刘 兵 史瑞芳 编著

中国水利水电出版社
www.waterpub.com.cn
·北京·

内 容 提 要

本书全面系统地讲解了 Web 前端开发的各种知识。内容主要涵盖 HTML 基础知识、表格和表单的制作、CSS 基础知识、DIV+CSS 页面布局方式、JavaScript 语言、DOM 编程、数据验证方式、jQuery 框架的基础知识。本书由浅入深，概念清晰，辅以 160 个案例说明、160 个视频讲解，操作性和实用性较强。

为了帮助读者快速牢固地掌握 Web 前端开发技术，本书采用"纸质图书+微视频案例讲解"相配套的方式，全方位提供学习 Web 前端技术开发的解决方案，并为任课教师免费提供电子课件、书中所有实例程序源码、课后习题答案以及课后实验的程序源码。

本书适合作为高等学校计算机类相关专业与 Web 编程相关课程的教材，也适合高职高专、职业技术学院和民办高校计算机相关专业的学生选用，还可以作为 Web 程序设计人员的参考书。

图书在版编目（CIP）数据

Web 编程基础：HTML+CSS+JavaScript / 刘兵等编著.
—北京：中国水利水电出版社, 2019.8
普通高等教育"十三五"规划教材
ISBN 978-7-5170-7937-8

Ⅰ.①W... Ⅱ.①刘... Ⅲ.①超文本标记语言－程序设计－高等学校－教材②网页制作工具－高等学校－教材③JAVA 语言－程序设计－高等学校－教材 Ⅳ.①TP312②TP393.092.2

中国版本图书馆 CIP 数据核字（2019）第 185727 号

书　　名	普通高等教育"十三五"规划教材 Web 编程基础——HTML+CSS+JavaScript Web BIANCHENG JICHU——HTML+CSS+JavaScript
作　　者	刘兵　史瑞芳　编著
出版发行	中国水利水电出版社 （北京市海淀区玉渊潭南路 1 号 D 座　100038） 网址：www.waterpub.com.cn E-mail: zhiboshangshu@163.com 电话：（010）62572966-2205/2266/2201（营销中心）
经　　售	北京科水图书销售中心（零售） 电话：（010）88383994、63202643、68545874 全国各地新华书店和相关出版物销售网点
排　　版	北京智博尚书文化传媒有限公司
印　　刷	三河市龙大印装有限公司
规　　格	185mm×235mm　16 开本　19.25 印张　428 千字
版　　次	2019 年 8 月第 1 版　2019 年 8 月第 1 次印刷
印　　数	0001—3000 册
定　　价	58.00 元

凡购买我社图书，如有缺页、倒页、脱页的，本社营销中心负责调换

前 言

Preface

Web 网页设计发展迅速，主流技术日新月异，HTML、CSS 和 JavaScript 三者共同构成了丰富多彩的网页，它们使网页包含更多活跃的元素和更加精彩的内容。HTML 是一种超文本标记语言，用于定义网页结构，决定网页内容如何呈现；CSS 用于确定网页样式的呈现方式，主要进行网页布局的定义；JavaScript 主要实现实时、动态的交互效果，对用户的操作进行响应，使页面更具实用性、友好性、人性化，是目前运用最广泛的行为标准语言；jQuery 是一个优秀的 JavaScript 框架，其凭借简洁的语法让开发者轻松实现很多以往需要大量 JavaScript 代码才能完成的功能和特效，并对 CSS、DOM 等各种标准 Web 技术提供了许多实用且简便的方法，同时很好地解决了浏览器之间的兼容性问题。

本书以实际网页设计工作中流行的网页设计方式为载体，强化网页程序设计需要掌握的技能。本书主要内容涵盖 HTML 基础知识、表格和表单的制作、CSS 基础知识、DIV+CSS 页面布局方式、JavaScript 语言、DOM 编程、数据验证方式、jQuery 框架的基础知识。

本书是编者多年来教学和软件开发经验的总结。与其他同类教材相比，本书具有以下特点：

- ➢ 内容按照由浅入深、循序渐进的原则进行编排，注重理论与实践相结合，并辅以 160 个实例，力求内容丰富、结构清晰，操作性和实用性较强。
- ➢ 充分考虑学生的认知规律，化解知识难点。书中的程序实例简短、实用，易于教师教学使用和读者自习。
- ➢ 面向实际应用组织内容，精心设计教学环节，提供丰富的课后习题和实验内容，让读者在反复动手实践中掌握应用所学知识解决实际问题的能力。
- ➢ 配套教学资源丰富，包括教学课件（PPT）、案例素材、实例源代码、160 个实例讲解视频、授课计划、实验手册和课后练习答案等。扫描书中二维码即可观看实例讲解视频并获取相关资源与素材，方便教师教学和学生自学。

图书资源总码

本书由刘兵负责全书的统稿及定稿工作，其中，刘兵主要编写第 1 章至第 6 章以及第 8 章，史瑞芳主要编写第 7 章，谢兆鸿教授认真地审阅了全书并提出了很多宝贵的意见。另外还需要感谢参与本书实例制作、视频讲解及大量复杂视频编辑工作的各位老师：向云柱、刘欣、欧阳峥峥、贾瑜、张琳、蒋丽华、徐军利、管庶安、李禹生、丰洪才等。另外，在全书的文字资料输入及校对、排版工作中得到了江小丽女士的大力帮助，在此一并表示衷心的感谢。

由于作者水平所限，尤其是 Web 程序设计技术的发展十分迅速，书中难免存在一些疏漏及不妥之处，恳请各位专家及读者批评指正。作者的电子邮件地址为：lb@whpu.edu.cn。

编　者

2019 年 4 月

目　录

Contents

第 1 章

HTML 基础

本章知识目标:

本章主要讲解 HTML 基本概念、HTML 文件的结构和 HTML 的常用标记。通过本章的学习,读者应该掌握以下主要内容:

❑   HTML 基本概念;

❑   HTML 文件的结构;

❑   HTML 的常用标记。

扫一扫,看 PPT

1.1 网站开发

网站（Web Site）是按照一定的规则，使用 HTML 等工具制作的、用于展示特定内容的相关网页（Web Page）的集合。网页是指在浏览器上登录一个网站后，看到的浏览器上的页面。网页是由文字、图片、声音等多媒体通过超链接的方式有机地组合起来的，也就是说网站是由很多网页组成的。而在众多网页中，有一个特殊的网页叫主页（Home Page），它是网站的入口。学习网站开发的基础就是学习网页制作。

1.1.1 网页设计概述

网站设计要能充分吸引访问者的注意力，让访问者产生视觉上的愉悦感。因此在网页创建之初就必须将网站的整体设计与网页设计的相关原理紧密结合起来。网站设计是将策划案中的内容、网站的主题模式，结合自己的认识通过艺术的手法表现出来；网页制作通常就是将网页设计师设计出来的设计稿，按照 W3C 规范用超文本标记语言（HyperText Markup Language，HTML）将其制作成网页格式。

网页是用 HTML 语言编写的一种文件，将这种文件放在 Web 服务器上可以让互联网上的其他用户浏览。例如访问百度网站，看到的就是百度网站编写的网页。

1. 网页的构成元素

网页的构成元素很丰富，可以是文字，也可以是图片，甚至可以将一些多媒体文件如音频、视频等插入到网页里。

（1）文本。网页信息主要以文本为主，这里的文本指的是文本字，而非图片中的文字。在网页中可以通过字体、大小、颜色、底纹、边框等选项来设置文本的属性。中文文字常用宋体，9 磅或 12 像素大小，黑色，注意颜色不要太杂乱。

（2）图像。网页能有丰富多彩的展示效果主要缘于图像。网页支持的图像格式包括 JPG、GIF 和 PNG 等。网页中通常包括如下图形：

➤ Logo 图标，代表网站形象或栏目内容的标志性图片，一般在网页左上角。

➤ Banner 广告，用于宣传站内某个栏目或者活动的广告，一般以 GIF 动画形式为主。

➤ 图标，主要用于导航，在网页中具有重要的作用，相当于路标。

➤ 背景图，用来装饰和美化网页。

（3）超级链接。超级链接是网站的灵魂，是从一个网页指向另一个目的端的链接，例如指向另一个网页或者相同网页上的不同位置。超级链接可以指向一幅图片、一个电子邮件地址、一个文件、一个程序，也可以是本网页中的其他位置。超级链接的载体可以是文本、图片或者 Flash 动画等。超级链接广泛存在于网页的图片和文字中，提供与图片和文字相关内容的链接。在超级链接上单击，即可链接到相应网址的网页。鼠标正好位于链接位置时，光标会变成小手形状。可以说超级链接是网页的最大特色，也正是由于超级链接的出现，才使得计算机网络发展得如此迅速。

（4）表单。表单主要用来收集用户信息，实现浏览者与服务器之间的信息交互。

（5）其他元素。除了上面几个网页的基本元素外，在页面中还可能包括导航条、GIF 动画、Flash 动画、音频、视频、框架等。其中导航条是一组超级链接，方便用户访问网站内部的各个栏目。导航条可以是文字，也可以是图片。导航条可以显示多级菜单和下拉菜单效果。

2. 网站建设流程

在创建网站之前首先要了解网站建设的基本流程，这样可以明确网站的目标和方向，从而提高效率。

（1）网站需求分析。在建立 Web 站点时，首先要考虑客户的各种需求，而且要以此为基础进行网站项目的建设。网站的需求分析一般包括以下几点：

➢ 了解相关行业的市场情况，例如在因特网上了解公司所开展业务的市场情况。
➢ 了解主要竞争对手的情况。
➢ 了解网站建设的目的，即是为了宣传商品进行电子商务还是建设一个行业性网站。
➢ 了解用户的实际情况，明确用户需求。
➢ 进行市场调研，分析同类网站的优劣，并在此基础上形成自己网站的大体架构。

（2）网站整体规划。良好的规划是成功创建一个网站的开始。在制作网页前，要对整个网站的风格、布局、服务对象等做好规划，并选择适合的服务器、脚本语言和数据库平台。

➢ 规划站点结构时，一般用文件夹保存文档。要明确站点的每个文件、文件夹及其存在的逻辑关系。
➢ 文件夹命名要合理，要做到"见其名，知其意"。
➢ 如果是多人合作开发，还要规划好各自负责的内容，并注意统一风格，协调代码。

（3）收集资料与素材。进行网站整体规划后，要根据规划的情况收集网页制作中可能用到的资料和素材，通常包括文字资料、图片素材、动画素材、视频素材等，并要将其分类保存。在收集资料时，要根据用户的需求来搜集建站的资料。整理好资料后，就要根据这些资料搜集必要的设计素材。

（4）制作网页。一个网站在进行制作时，有以下内容需要特别关注。

➢ 创建网页框架：在整体上对页面进行布局，根据导航栏、主题按钮等将页面划分为几个区域。
➢ 制作导航栏：借助导航栏可以更加方便地浏览网站。
➢ 添加页面对象：分别编辑各个页面，将页面对象添加到网页的各个区域，并设置好格式。
➢ 设置链接：为页面的相关部分设置链接，使整个网站的网页之间相互关联。

（5）域名和服务器空间的申请。网站制作完成后，首先要注册一个域名，然后租用网络存储空间来存放网站内容，最后使注册的域名与网络存储空间相关联。这样在世界的任何地方只要在浏览器上输入注册的域名，就能看到网站上的信息。

（6）测试与发布网站。发布网站前要进行细致周密的测试，以保证用户的正常浏览和使用。主要测试内容如下：

➤ 服务器的稳定性和安全性。

➤ 程序及数据库测试，网页兼容性测试，如浏览器、显示器。

➤ 文字、图片、链接是否有错误。

（7）后期维护与网站推广。上传站点后，要定期对站点的内容进行更新与维护。更新与维护的内容包括以下几点：

➤ 服务器及相关软硬件的维护，对可能出现的问题进行评估，确定响应时间。

➤ 数据库维护，有效地利用数据是网站维护的重要内容，因此数据库的维护要受到重视。

➤ 内容的更新、调整等。

➤ 制定相关网站维护的规定，将网站维护制度化、规范化。

1.1.2　网站设计的技术

技术解决方案是网站最终能够被用户使用的根本，不同的企业对网站有不同的功能需求。技术解决方案主要包括网站的软件环境和硬件环境，具体包括：

➤ 网站开发语言（ASP、JSP、PHP 等）。

➤ 数据库类型（Oracle、SQL Server、MySQL、Access 等）。

➤ 服务器类型（虚拟主机、虚拟专机、主机托管等）。

➤ 网站安全性方案（防黑、防病毒等）。

技术方案没有绝对的好坏之分，古奥思成网站建设认为：最适合企业的就是最好的。

1. 静态网页

在网站设计中，纯粹 HTML 格式的网页通常称为静态网页。静态网页是标准的 HTML 文件，其文件扩展名是.htm、.html，可以包含文本、图像、声音、Flash 动画、客户端脚本和 ActiveX 控件及 Java 小程序等。静态网页是网站建设的基础。早期的网站一般都是由静态网页制作的。静态网页是相对于动态网页而言的，是指没有后台数据库、不含程序和不可交互的网页。静态网页的更新相对比较麻烦，适用于一般更新较少的展示型网站。容易产生误解的是，静态页面都是.htm 这类页面，实际上静态不是指完全静态，也可以出现各种动态效果，如 GIF 格式的动画、Flash、滚动字幕等。

静态网页和动态网页各有特点，网站采用动态网页还是静态网页主要取决于网站的功能需求和网站内容的多少。如果网站的功能比较简单，内容更新量不是很大，采用纯静态网页的方式会更简单，反之一般采用动态网页技术来实现。

2. 动态网页

早期的动态网页主要采用公用网关接口（Common Gateway Interface，CGI）技术。可以使用不同的程序编写适合的 CGI 程序，如 Visual Basic、Delphi 或 C/C++等。虽然 CGI 技术已经发展成熟而且功能强大，但由于编程困难、效率低下、修改复杂，所以有逐渐被新技术取代的趋势。

（1）PHP。PHP（Hypertext Preprocessor，超文本预处理器）是当今 Internet 上最为流行的脚本语言之一，其语法借鉴了 C、Java、PERL 等语言，只需要很少的编程知识就能使用 PHP 建立一个真正交互的 Web 站点。

PHP 与 HTML 语言具有非常好的兼容性，开发人员可以直接在脚本代码中加入 HTML 标签，或者在 HTML 标签中加入脚本代码，从而更好地实现页面控制。PHP 提供了标准的数据库接口，数据库连接方便，兼容性强，扩展性强；可以进行面向对象编程。

（2）ASP。ASP 即 Active Server Pages，是微软公司开发的一种类似 HTML、Script（脚本）与 CGI 的结合体，ASP 没有提供专门的编程语言，而是允许用户使用许多已有的脚本语言编写 ASP 的应用程序。ASP 的程序编制比 HTML 更方便且更具灵活性。ASP 在 Web 服务器端运行，运行后再将运行结果以 HTML 格式传送至客户端的浏览器。ASP 程序语言最大的不足就是安全性不够好。

ASP 最大的优点是可以包含 HTML 标签，可以直接存取数据库及使用无限扩充的 ActiveX 控件，因此在程序编制上要比 HTML 方便而且更具灵活性。通过使用 ASP 的组件和对象技术，用户可以直接使用 ActiveX 控件，调用对象方法和属性，以简单的方式实现强大的交互功能。

但 ASP 技术也并非完美无缺，由于其基本上局限于微软公司的操作系统平台，主要工作环境是微软公司的 IIS 应用程序结构，又因 ActiveX 对象具有平台特性，所以 ASP 技术不能很容易地实现在跨平台 Web 服务器上工作。

（3）JSP。JSP 即 Java Server Pages，是由 Sun Microsystem 公司于 1999 年 6 月推出的技术，是基于 Java Servlet 以及整个 Java 体系的 Web 开发技术。

JSP 和 ASP 在技术方面有许多相似之处，不过两者来源于不同的技术规范组织。以至 ASP 一般只应用于 Windows NT/2000 平台，而 JSP 可以在 85%以上的服务器上运行，而且基于 JSP 技术的应用程序比基于 ASP 的应用程序易于维护和管理，所以许多人认为 JSP 是未来最有发展前景的动态网站技术。

（4）.NET。.NET 是 ASP 的升级版，也是由微软公司开发的，但是和 ASP 有天壤之别。.NET 的版本有 1.1、2.0、3.0、3.5、4.0。.NET 是网站动态编程语言中最好用的语言，不过易学难精。从.NET 2.0 开始，.NET 把前台代码和后台程序分为两个文件管理，使得.NET 的表现和逻辑相分离。.NET 网站开发跟软件开发差不多，.NET 的网站是编译执行的，效率比 ASP 高很多。.NET 在功能性、安全性和面向对象方面都做得非常优秀，是非常不错的网站编程语言。

虽然以上四种技术在制作动态网页上各有特色，但仍在发展中，不够普及。对于广大个人主页的爱好者、制作者来说，建议尽量少用难度大的 CGI 技术。如果对微软公司的产品情有独钟，建议采用 ASP 技术；如果是 Linux 的追求者，建议采用 PHP 技术。

3. 网站开发软件

很多人对网页设计的称呼有些不一样，例如网站设计、网页美工、网站建设。其实网站建设跟网页设计不是一个概念，一个网站的完成包括前台设计与后台程序两部分。实际工作中这两部分是有明确分工的，即设计师只需要完成前台设计部分，后台程序由程序员完成。一般前台网页设计师最常用到的软件是 PS（Photoshop）、Dreamweaver、Flash。

（1）Photoshop。Photoshop 是由 Adobe Systems 公司开发和发行的图像处理软件。对于网站设计制作人员来说，它是不可缺少的一款专业的图片处理网页设计软件。可以说一个网页设计得是否成功，主要取决于网页上图片处理的精美程度。现在已经进入读图的网络时代，所以判断一个网站设计制作人员是否专业的重要因素之一就是能否熟练地掌握 Photoshop。掌握了这款软件不但能在图片设计上发挥优势，还可以在网页制作过程中节省很多时间。

（2）Dreamweaver。Dreamweaver 简称 DW，中文名称为"梦想编织者"，最初由美国 Macromedia 公司开发，2005 年被 Adobe 公司收购。DW 是集网页制作和网站管理于一身的所见即所得的网页代码编辑器。利用对 HTML、CSS、JavaScript 等内容的支持，设计师和程序员可以在几乎任何地方快速地制作网页和进行网站建设。Dreamweaver 也是目前很多网站设计建设者使用的一款软件，也可以说这款软件也是现在网页设计师使用最多的一款软件。

本书将以 Adobe 公司的 Dreamweaver CS6 为开发工具进行讲解。

1.2 HTML 基本概念

计算机网络发展如此迅速的一个主要原因是由于全球广域网（World Wild Web，WWW）的出现，用户不需要具有任何计算机网络的专业知识，就可以使用 WWW 中的超级链接访问 Internet 上任意的网络资源。一个完整的 WWW 结构如图 1-1 所示，其中客户端是浏览器（例如 IE 浏览器、谷歌的 Chrome 浏览器等），服务器端是 WWW 服务器（如 Apache、IIS 等）。WWW 的运行主要涉及三个主要概念：统一资源定位符（Uniform Resource Locator，URL）、超文本传输协议（HyperText Transfer Protocol，HTTP）以及超文本标记语言。

图 1-1　WWW 结构

1.2.1　超文本传输协议

超文本是用超链接的方法，将各种不同空间的文字信息组织在一起的网状文本。超文本通常以电子文档方式存在，其中的文字包含可以链接到其他位置或者文档的链接，允许从当前阅读位置直接切换到超文本链接所指向的位置。

超文本传输协议是指用于从 WWW 服务器传输超文本到本地浏览器的传输协议。该协议可以使浏览器更加高效，使网络传输减少，其不仅能保证计算机正确快速地传输超文本文档，还确定传输文档中的哪一部分内容首先显示（例如网页中的文本优先于图形进行显示）等。

超文本传输协议是客户端浏览器或其他程序与 Web 服务器之间应用层的通信协议。在 Internet 的 Web 服务器上存放的都是超文本信息，客户机需要通过 HTTP 协议访问所需的超文本信息。HTTP 包含命令和传输信息，不仅可用于 Web 访问，也可以用于其他因特网或内联网应用系统之间的通信，从而实现各类应用资源超媒体访问的集成。

1.2.2　统一资源定位符

统一资源定位符是用于完整地描述 Internet 上资源位置和访问方法的一种简洁表示方法。Internet 上的每一个资源都有唯一的名称标识，通常称之为 URL 地址或者网址。在统一资源定位符中包含的信息会指出文件的位置以及浏览器应该如何处理该文件。

1. URL 语法格式

统一资源定位符一般由协议类型、存放资源的域名或主机 IP（Internet Protocol）地址，以及资源文件的路径名及相应参数组成，其语法格式如下：

协议://域名或 IP 地址[:端口号]/目录/文件名.文件后缀[?参数=参数值]

其中，协议告诉浏览器如何处理将要打开的文件，最常用的协议是 HTTP（该协议可以用来访问网络）、HTTPS（用安全套接字层传送的超文本传输协议）；域名或 IP 地址用于指出当前需要访问的资源主机在网络中的位置，其中的域名会通过 DNS（Domain Name System，域名系统）服务器解析成对应的 IP 地址；端口号用于指出主机上的某个进程（进程指运行着的程序），在 HTTP 协议中端口号如果是默认值 80，其值可以不写在 URL 地址中；参数为可选项，用于向请求的文件传递特定的参数。

一个典型的 URL 为：http://www.whpu.edu.cn/news/showNew.aspx?id=1624，其中使用的协议是 HTTP 协议，域名是 www.whpu.edu.cn，端口号是默认值 80，目录是 news，需要访问的文件名是 showNew.aspx，参数和参数值是 id=1624。如果 URL 地址没有给出文件名，浏览器会使用 URL 引用路径中最后一个目录的默认主页文件，这个默认主页文件常常被称为 index.html 或 default.htm。

2. 绝对 URL 和相对 URL

统一资源定位符分成两种表示方法，一种是绝对 URL，另一种是相对 URL。绝对 URL 是显示文件的完整路径，这意味着绝对 URL 本身所在的位置与被引用的实际文件的位置无关；相对 URL 是以包含 URL 本身文件夹的位置为参考点来描述目标文件夹的位置。如果目标文件与当前页面（也就是包含 URL 的页面）在同一个目录，那么这个文件的相对 URL 仅仅是文件名和扩展名；如果目标文件在当前目录的子目录中，那么其相对 URL 是子目录名+斜杠+目标文件的文件名和扩展名。

如果要引用文件层次结构中更高层目录中的文件，可以使用两个句点（表示上层目录）和一条斜杠。另外，可以多次使用两个句点和一条斜杠方式来引用当前文件所在硬盘上的任何文件。图 1-2 是一个文件夹的目录结构。如果在 index.htm 文件中访问同级目录的 bg.jpg 文件，使用相对 URL 方式的语句如下：

图 1-2　目录结构

```
<img src="bg.jpg">
```

如果在 index.htm 文件中访问父级目录的 demo.png 文件，使用相对 URL 方式的语句如下：

```
<img src="../demo.png">
```

如果在 index.htm 文件中访问同级目录 images 子目录下的 bg.jpg 文件，使用相对 URL 方式的语句如下：

```
<img src="images/bg.jpg">
```

如果在 index.htm 文件中访问父级目录 jQuery 子目录下的 jquery-3.2.0.min 文件，使用相对 URL 方式的语句如下：

```
<script src="../jquery/jquery-3.2.0.min.js"></script>
```

一般来说，对于同一服务器上的文件，应该总是使用相对 URL，这样输入简单，并且在将页面从本地系统转移到服务器上时更方便，只要每个文件的相对位置保持不变，链接就有效。

1.2.3　超文本标记语言

1. 基本概念

超文本标记语言（HTML）是一种描述文档结构的标注语言，是通过标记符号来标记要显示网页中的各个部分。网页文件本身是一种文本文件，通过在文本文件中添加标记符，可以告诉浏览器如何显示其中的内容（如文字如何处理，页面如何安排，图片如何显示等）。浏览器按顺序阅读网页文件，然后根据标记符解释和显示其标记的内容，对书写出错的标记将不指出其错误，且不停止其解释执行过程，编制者只能通过显示效果来分析出错原因和出错位置。但需要注意的是，对于不同的浏览器，对同一标记符可能会有完全不同的解释，因此可能会有不同的显示效果。

2. 语言特点

超文本标记语言的文档制作并不复杂，但功能强大，支持不同数据格式的文件嵌入，这也是万维网（WWW）流行的主要原因之一。其主要特点如下：

（1）简易性。超级文本标记语言简单，且灵活方便。

（2）可扩展性。超级文本标记语言的广泛应用带来增加标识符等要求，这些要求可采取子类元素的方式解决，为系统扩展带来保证。

（3）平台无关性。超级文本标记语言可以运行在 PC 机、移动终端等不同的操作系统上，只要有浏览器就可以被解释执行。

（4）通用性。HTML 是网络的通用语言，是一种简单、通用的标记语言，允许网页制作者建立文本与图片相结合的复杂页面，这些页面可以被网上任何人浏览，无论使用的是什么类型的计算机或浏览器。

目前 HTML 的版本号是 5.0。如果 HTML 文件的第一句是"<!doctype html>"，就是告诉浏览器该网页文件是以 HTML5 的版本标准进行网页解释执行的。

1.3 HTML 文件

1.3.1 HTML 文件的基本结构

HTML 文件是标准的 ASCII 文件，其后缀名为 htm 或 html。可以使用任何能够生成 TXT 类型源文件的文本编辑器来制作 HTML 文件。HTML 文件中的标记不区分大小写。

标准的 HTML 文件都具有一个基本的文档结构，标记一般都是成对出现的（部分标记也有单标记，例如
）。在超文本标记语言中，标记符<html>说明该文件是用超文本标记语言来描述的，是 HTML 文件的开头；</html>表示 HTML 文件的结尾。这一对双标记是超文本标记语言文件的开始标记和结尾标记，一般情况下这个标记内仅包含一对头部标记<head></head>与一对实体标记<body></body>。

标记符<head>和</head>分别表示头部信息的开始和结尾。<head>中的元素可以引用脚本、指示浏览器在哪里找到样式表、提供元信息等。绝大多数文档头部包含的数据不作为内容来显示，但影响网页显示的效果。头部中最常用的标记符是 title 标记符和 meta 标记符，其中 title 标记符用于定义网页的标题，其内容显示在网页窗口的标题栏中，网页标题可被浏览器用作书签和收藏清单；meta 标记符用来描述一个 HTML 网页文档的属性，如作者、日期和时间、网页描述、关键词、页面刷新等。

标记符<body></body>表示网页的主体部分，也就是用户可以看到的内容，这一部分可以包含文本、图片、音频、视频等各种内容。

另外标记"<!--注释内容-->"是 HTML 语言中的注释语句。例 1-1 中列出 HTML 文件的基本结构，其运行结果如图 1-3 所示。

图 1-3 程序运行结果

例 1-1 example1-1.html

```
<!doctype html>           <!--文档声明：告诉浏览器以下文件用 HTML5 版本解析-->
<html>                    <!--告诉浏览器 HTML 文件开始-->
<head>                    <!--表示 HTML 文件的头部-->
  <meta charset="UTF-8">  <!--网页的编码格式为 UTF-8，即国际通用编码格式-->
  <title>第一个网页</title> <!--网页的标题是"第一个网页"-->
</head>                   <!--表示 HTML 文件的头部结束-->
<body>                    <!--HTML 文件的实体部分开始-->
   Hello World!           <!--在网页中显示的信息内容都放在 body 标签里-->
</body>                   <!--HTML 文件的实体部分结束-->
</html>                   <!--HTML 文件结束-->
```

扫一扫，看视频

1.3.2 HTML 标记的语法格式

HTML 标记用于描述网页结构，也可以对页面对象样式进行简单的设置。所有标记都是由一对尖括号（"<"和">"）和标记名构成的，并分为开始标记和结束标记。开始标记使用"<标记名>"表示，结束标记使用"</标记名>"表示。在开始标记中使用"属性="属性值""格式进行属性设置，结束标记不能包含任何属性。标记中的标记名用来在网页中描述网页对象，属性和属性值用来提供 HTML 元素的相关信息。

HTML 标记的语法格式如下：

<标记名称 属性="属性值" 属性="属性值"...> ... </标记名称>   （语法 1-1）

例如把网页的背景颜色设置为黄色：

<body bgcolor="#FFFF00"> ... </body >

通常标记都具有默认属性，当一个标记中只包含标记名时，标记将使用其默认属性。例如段落标记<p>，其存在一个默认的居左对齐方式。

HTML 标记分为单标记和双标记。其中双标记如语法 1-1，有一个开始标记和结束标记；单标记只有开始标记，没有结束标记。单标记的语法格式如下：

<标记名称/>   （语法 1-2）

例如：

另外，在 HTML 标记中，有些标记既可以作为单标记使用，也可以作为双标记使用，如<p>、<li>等。

HTML 开始标记后面或标记对之间的内容就是 HTML 标记设置的内容，其中的内容可以是普通的文本，也可以是嵌套的标记。标记属性可以对标记所设置的内容进行一些简单样式的设置，如对文字颜色、字号、字体等样式进行设置。通过给属性设置不同的值，可以获得不同的样式效果。一个标记中可以包含任意多个属性，不同属性之间使用空格分隔，例如：

<body bgcolor="#FFFF00" text="#FF0000">

对于 HTML 标记，属性值可以使用引号括起来，也可以不使用引号。使用引号时既可以是单引号，也可以是双引号。例如，bgcolor="#FFFF00"及 bgcolor=#FFFF00 都正确。但需注意的是，引号必须配对使用，不能一边使用双引号，另一边使用单引号；要保证使用的引号必须是在英文输入法状态下输入的。另外，HTML 标记和属性不区分大小写，即标记
、
和
的作用是一样的。

在<body bgcolor="#FFFF00" text="#FF0000">中定义的属性，含义是背景颜色为黄色，正文颜色为红色。在 HTML 中对颜色定义可使用 3 种方法，即直接颜色名称、16 进制颜色代码、10 进制 RGB 码。

（1）直接颜色名称，可以在代码中直接写出颜色的英文名称，如<body text="red">，在浏览器上显示正文文字时就为红色。

（2）16 进制颜色代码，语法格式：#RRGGBB。参数值前的"#"号表示后面使用 16 进制颜色代码，这种颜色代码由 3 部分组成，其中前两位 16 进制数代表红色，中间两位 16 进制数代表绿色，后两位 16 进制数代表蓝色。不同的取值代表不同的颜色，取值范围是一个字节所能表示的 16 进制数，即 00~FF。例如<body text="#FF0000">，在浏览器上同样显示正文文字为红色。

（3）10 进制 RGB 码，语法格式：RGB(RRR,GGG,BBB)。在这种表示法中，后面 3 个参数分别是红色、绿色、蓝色，其取值范围是一个字节数的 10 进制表示方法，即 0~255。以上两种表达方式可以相互转换，标准是 16 进制与 10 进制的相互转换。例如<body text="rgb (255,0,0)">，在浏览器上同样显示正文文字为红色。

1.4　HTML 常用标记

文本、图像、超级链接是网页的 3 个基本元素。其中，文本是网页发布信息的主要形式。通过设置文本的大小、颜色、字体以及段落和换行等，可以使文本看上去整齐美观，错落有致。

1.4.1　文本标记

1. 标题标记

标题可用来分隔文章中的文字，概括文章中文字的内容，从而吸引用户的注意，起到提示作用。标题标记的语法格式如下：

```
<hn align="对齐方式"> 标题文本</hn>
```

HTML 中提供了 6 级标题，为<h1>至<h6>，其中<h1>字号最大，<h6>字号最小。标题属于块级元素，浏览器会自动在标题前后加上空行。

align 属性是可选属性，用于指定标题的对齐方式，其取值有 3 种：left、center、right，分别表示左对齐、居中对齐和右对齐。

例 1-2 中分别使用了<h1>到<h6>的标题，在浏览器中的显示效果如图 1-4 所示。

图 1-4 设置标题

例 1-2 example1-2.html

```html
<!doctype html>
<html>
<head>
  <meta charset="UTF-8">
  <title>标题标记的使用</title>
</head>
<body>
    <h1>Hello world 1</h1>          <!--设置 Hello World1 为一级标题样式显示-->
    <h2>Hello world 2</h2>
    <h3>Hello world 3</h3>
    <h4>Hello world 4</h4>
    <h5>Hello world 5</h5>
    <h6>Hello world 6</h6>          <!--设置 Hello World6 为六级标题样式显示-->
</body>
</html>
```

扫一扫，看视频

2. 字体标记

默认情况下，中文网页中的文字以黑色、宋体、3 号字的效果显示。如果希望改变这种默认的文字显示效果，可以使用<font>字体标记及其相应的属性进行设置。字体标记的基本语法如下：

```
<font  face="字体名称"  size="字号"  color="字体颜色"> 文字 </font>
```

其中，face 属性设置字体的类型，中文的默认字体是宋体。size 属性指定文字的大小，其取值范围是 1~7（文字的显示是从小到大，默认字号是 3）；color 属性设定文字颜色，颜色的表示可以用 1.3.2 小节讲述的 3 种方法进行表示，默认颜色是黑色。

例 1-3 中使用字体标记设置文字的字体、字号和颜色，在浏览器中的显示效果如图 1-5 所示。

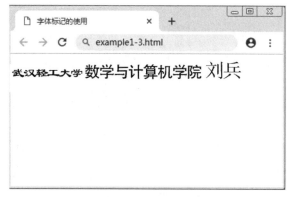

图 1-5　设置字体

例 1-3　example1-3.html

```
<!doctype html>
<html>
<head>
  <meta charset="UTF-8">
  <title>字体标记的使用</title>
</head>
<body>
  <font size="4" color="red" face="隶书">
    武汉轻工大学
  </font>
  <font size="5" color="green" face="黑体">
    数学与计算机学院
  </font>
  <font size="6" color="blue" face="宋体">
    刘兵
  </font>
</body>
</html>
```

扫一扫，看视频

3. 段落标记

在 HTML 中创建一个段落的标记是<p>。在 HTML 中既可以使用单标记，也可以使用双标记。单标记和双标记的相同点是，都能创建一个段落；不同点是单标记创建的段落会与上文产生一个空行的间隔，双标记创建的段落则与上下文同时有一个空行的间隔。

与标题字一样，段落标记也具有对齐属性，可以设置段落相对于浏览器窗口在水平方向上的居左、居中和居右对齐方式。段落的对齐方式同样使用 align 属性进行设置。其基本语法格式如下：

```
<p  align="对齐方式"> 段落内容 </p>
```

<p>标记是块级元素，浏览器会自动在<p>标记的前后加上一定的空白。

4. 换行标记

换行标记是
，该标记是一个单标记，在 XHTML、XML 以及未来的 HTML 版本中，不允许使用没有闭合标签的 HTML 元素，所以这种单标记都把结束标记放在开始标记中，也就是
。该标记的作用就是换行，不能设置任何属性。

需要说明的是，一次换行使用一次
，多次换行需要使用多次
，连续使用两次
等效于一个段落换行标记<p />。

例 1-4 中使用段落标记和换行标记，在浏览器中的显示效果如图 1-6 所示。

例 1-4　example1-4.html

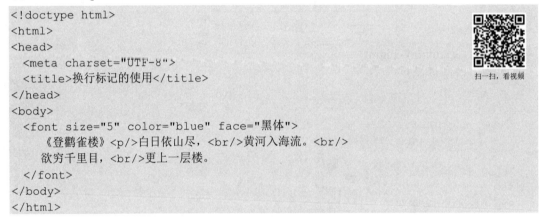

```
<!doctype html>
<html>
<head>
  <meta charset="UTF-8">
  <title>换行标记的使用</title>
</head>
<body>
  <font size="5" color="blue" face="黑体">
    《登鹳雀楼》<p/>白日依山尽，<br/>黄河入海流。<br/>
    欲穷千里目，<br/>更上一层楼。
  </font>
</body>
</html>
```

扫一扫，看视频

图 1-6　段落与换行标记

5. 预格式化标记

HTML 的输出是基于窗口的，因此 HTML 文件在输出时都要重新排版，即把文本上一些额外的字符（包括空格、制表符和回车符等）忽略。如果不需要重新排版内容，可以用预格式化标记<pre>…</pre>通知浏览器。

所谓预格式化指某些格式可以在源代码中预先设置，这些预先设置好的格式在浏览器解析源代码时被保留下来，即源代码执行后的效果与源代码中预先设置好的效果几乎完全一样。

例 1-5 是使用预格式化标记和不使用预格式化标记的对比，在浏览器中的显示效果如图 1-7 和图 1-8 所示，其中图 1-7 不使用<pre>标记，图 1-8 使用<pre>标记。

例 1-5　example1-5.html

```html
<!doctype html>
<html>
<head>
  <meta charset="UTF-8">
  <title>预格式化标记的使用</title>
</head>
<body>
  <font size="6" color="blue" face="黑体">
   <pre>                  <!--（图 1-7 无此标记）-->
    《登鹳雀楼》

    白日依山尽
    黄河入海流
    欲穷千里目
    更上一层楼。
   </pre>                 <!--（图 1-7 无此标记）-->
  </font>
</body>
</html>
```

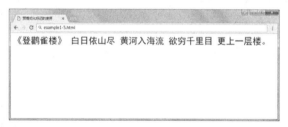

图 1-7　无预格式化标记

图 1-8　有预格式化标记

6. 转义字符

有些字符在 HTML 中具有特殊的含义，例如小于号"<"表示 HTML 标记的开始；还有一些字符无法通过键盘输入，这些字符对于网页来说都属于特殊字符。要在网页中显示这些特殊的字符，必须使用转义字符的方式进行输入。

转义字符由 3 部分组成，第一部分是"&"符号；第二部分是实体名字或者"#"加上实体编号；第三部分是分号，表示转义字符结束。转义字符的语法结构如下：

&实体名称;

例如，"<" 可以使用 "<" 表示，">" 可以使用 ">" 表示，空格可以使用 " " 表示。常用的特殊字符与对应的字符实体如表 1-1 所示。

表 1-1　常用的特殊字符与对应的字符实体

显示结果	描　　述	实体名称
	空格	
<	小于号	&lt;
>	大于号	&gt;
&	和号	&amp;
"	引号	&quot;
'	撇号	'（IE 不支持）
¢	分（cent）	&cent;
£	镑（pound）	&pound;
¥	元（yen）	&yen;
€	欧元（euro）	&euro;
§	小节	&sect;
©	版权（copyright）	&copy;
®	注册商标	&reg;
™	商标	&trade;
×	乘号	&times;
÷	除号	&divide;

同一个符号，既可以使用实体名称，例如 "<"，也可以使用实体编号，例如 "<"，这两种方式都表示符号 "<"。

例 1-6 中列出常用特殊字符在 HTML 文件中的写法，在浏览器中的显示效果如图 1-9 所示。

例 1-6　example1-6.html

```
<!doctype html>
<html>
<head>
  <meta charset="UTF-8">
  <title>特殊标记的使用</title>
</head>
<body>
  在 HTML 中，常用的特殊字符有：<br/>
    &lt;、&gt;、&amp;、&quot;、&copy;、&reg;、&trade;、&times;、&divide;等。
</body>
</html>
```

扫一扫，看视频

图 1-9　特殊字符

7. 文字修饰标记

使用文字修饰标记可以设置文字为粗体、倾斜、下划线等格式。文字不同的格式需要用不同的修饰标记。常用的文字修饰标记如表 1-2 所示。

表 1-2　常用的文字修饰标记

标　记	描　述
\...\	加粗。如：\HTML 文件\
\<i>...\</i>	斜体。如：\<i>HTML 文本\</i>
\<u>...\</u>	下划线。如：\<u>HTML 文本\</u>
\<s>...\</s>	删除线。如：\<s>删除线\</s>
\^{...\}	上标
_{...\}	下标

例 1-7 中展示文字修饰标记的使用方法，在浏览器中的显示效果如图 1-10 所示。

例 1-7　example1-7.html

```
<!doctype html>
<html>
<head>
  <meta charset="UTF-8">
  <title>文字修饰标记</title>
</head>
<body>
  <u>
    下划线
    <i>
        倾斜下划线
        <b>加粗倾斜下划线</b>
    </i>
  </u>
```

扫一扫，看视频

```
   <h1>
       H<sub>2</sub>o<br/>
       X<sup>2</sup>+Y<sup>2</sup>=Z<sup>2</sup>
     </h1>
   </body>
 </html>
```

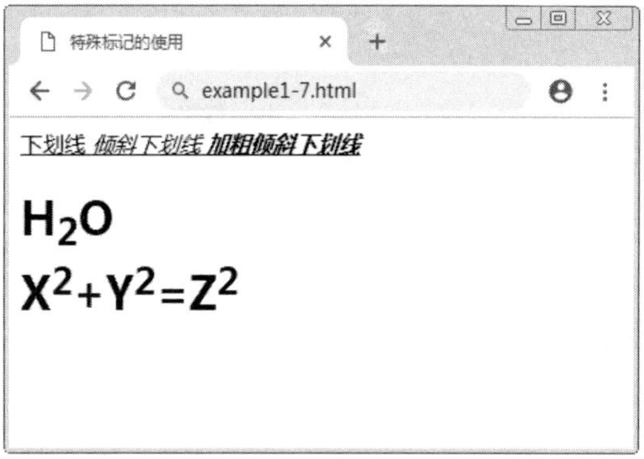

图 1-10　文字修饰标记

1.4.2　列表标记

在 HTML 页面中，列表可以使相关的内容以一种整齐划一的方式显示。列表分为两种类型，一种是无序列表，另一种是有序列表。前者用项目符号来标记项目，后者使用编号来记录项目顺序。

1. 无序列表

在无序列表中，各个列表项之间没有顺序级别之分，通常使用一个项目符号作为每个列表项的前缀。无序列表主要使用<ul>、<li>标记和 type 属性，其中标记<ul>定义无序列表，<li>标记定义列表项，列表项的内容位于一对<li></li>标签之内，<ul>标记内的 type 属性用来定义列表项的标记符。无序列表的基本语法如下：

```
<ul  type="列表项的标记符">
 <li>项目一 </li>
 <li>项目二 </li>
 <li>项目三 </li>
 ……
</ul>
```

其中 type 属性的取值定义如下：

➢ disc 是默认值，为实心圆。

➢ circle 为空心圆。

➢ square 为实心方块。

例 1-8 中展示无序列表标记的使用方法，在浏览器中的显示效果如图 1-11 所示。

例 1-8　example1-8.html

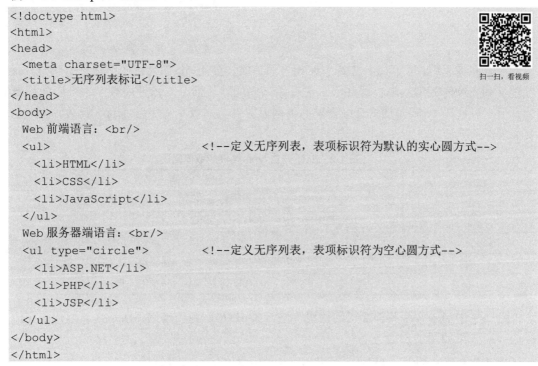

```
<!doctype html>
<html>
<head>
  <meta charset="UTF-8">
  <title>无序列表标记</title>
</head>
<body>
  Web 前端语言：<br/>
  <ul>                          <!--定义无序列表，表项标识符为默认的实心圆方式-->
    <li>HTML</li>
    <li>CSS</li>
    <li>JavaScript</li>
  </ul>
  Web 服务器端语言：<br/>
  <ul type="circle">           <!--定义无序列表，表项标识符为空心圆方式-->
    <li>ASP.NET</li>
    <li>PHP</li>
    <li>JSP</li>
  </ul>
</body>
</html>
```

图 1-11　无序列表

2. 有序列表

有序列表使用编号，而不是项目符号来编排项目。列表中的项目由数字或英文字母开头，通常各项目间有先后的顺序性。在有序列表中，主要使用<ol>和<li>两个标记以及 type 和 start 属性。有序列表的基本语法如下：

```
<ol  type="列表项的标记符 "  start="起始值 ">
  <li>项目一 </li>
  <li>项目二 </li>
  <li>项目三 </li>
  ……
</ol>
```

在有序列表中，使用<ol>作为有序列表的声明，使用<li>作为每一个项目的起始。start 属性定义列表项开始编号的位置序号。在有序列表的默认情况下，使用数字序号作为列表的开始，但可以通过 type 属性将有序列表的类型设置为英文或罗马字母。type 属性各个取值的含义如表 1-3 所示。

表 1-3　有序列表 type 属性的取值描述

type 值	说　　明
1	默认值。数字有序列表（1、2、3、4……）
a	按小写字母顺序排列的有序列表（a、b、c、d……）
A	按大写字母顺序排列的有序列表（A、B、C、D……）
i	按小写罗马字母顺序排列的有序列表（i、ii、iii、iv……）
I	按大写罗马字母顺序排列的有序列表（I、II、III、IV……）

例 1-9 中展示有序列表标记的使用方法，其 HTML 源代码如下所示（该源代码在浏览器中的显示效果如图 1-12 所示）。

例 1-9　example1-9.html

```
<!doctype html>
<html>
<head>
  <meta charset="UTF-8">
  <title>有序列表标记</title>
</head>
<body>
  Web 前端语言：<br/>
  <ol>                          <!--定义有序列表，默认 start="1" type="1"-->
    <li>HTML</li>
    <li>CSS</li>
    <li>JavaScript</li>
  </ol>
  Web 服务器端语言：<br/>
  <ol type="I" start="2">    <!--从 2 开始，列表数字是大写罗马字母-->
    <li>ASP.NET</li>
    <li>PHP</li>
    <li>JSP</li>
```

扫一扫，看视频

```
        </ol>
</body>
</html>
```

3. 嵌套列表

嵌套列表指在一个列表项的定义中嵌套另一个列表的定义。例 1-10 中展示在一个无序列表中嵌套了一个有序列表，在浏览器中的显示效果如图 1-13 所示。

例 1-10　example1-10.html

```
<!doctype html>
<html>
<head>
    <meta charset="utf-8">
    <title>嵌套列表</title>
</head>
<body>
    <h1>列表嵌套</h1>
    <ul type="square">
        <li>树叶</li>
        <li>树
          <ol>
            <li>枫树</li>
            <li>杨树</li>
          </ol>
        </li>
        <li>还有什么</li>
    </ul>
</body>
</html>
```

图 1-12　有序列表

图 1-13　嵌套列表

1.4.3　分隔线标记

分隔线可以在 HTML 页面中创建一条水平线，水平线可以将文档分隔成若干个部分。分隔线的标记是<hr />，其属性及说明如表 1-4 所示。

表 1-4   <hr>标记的属性及说明

属　　性	说　　明
align	设置水平线的对齐方式，取值为 left、center、right
noshade	设置水平线为纯色，无阴影
size	设置水平线的高度，单位为像素
width	设置水平线的宽度，单位为像素
color	设置水平线的颜色

例 1-11 中展示水平分隔线标记的使用方法，在浏览器中的显示效果如图 1-14 所示。

例 1-11   example1-11.html

```
<!doctype html>
<html>
<head>
    <meta charset="utf-8">
    <title>水平分隔线的建立</title>
</head>
<body>
  <center>
    《登鹳雀楼》
  <hr  size="10" width="100px" color="red">
    白日依山尽，<br/>
    黄河入海流。<br/>
    欲穷千里目，<br/>
    更上一层楼。<br/>
  </center>
  <hr align="center" color="blue" width="50%">
</body>
</html>
```

扫一扫，看视频

图 1-14   分隔线

1.4.4　超链接标记

超链接指从一个网页指向一个目标的连接关系，这个目标可以是另一个网页，也可以是相同网页上的不同位置，还可以是一幅图片、一个电子邮件地址、一个文件，甚至是一个应用程序。超链接在本质上属于网页的一部分，是一种允许同其他网页或站点之间进行连接的元素。各个网页链接在一起后，才能真正构成一个网站。浏览者单击已经链接的文字或图片后，链接目标将显示在浏览器上，并且根据目标的类型打开或运行。

网页上的超链接一般分为三种：第一种是绝对 URL 的超链接，简单地讲就是网络上的一个站点或网页的完整路径；第二种是相对 URL 的超链接，例如将网页上的某一段文字或某标题链接到同一网站的其他网页上；第三种是同一网页的超链接，这种超链接又叫作书签。

1. 文本链接

使用一对<a>标签创建文本链接，其语法格式如下：

```
<a href="目标 URL" target="目标窗口">
    指针文本
</a>
```

其中，href 属性用来指出文本链接的目标资源的 URL 地址；target 属性用来指出在指定的目标窗口中打开链接文档。target 属性的取值及其说明如表 1-5 所示。

表 1-5　target 属性的取值及其说明

target 属性值	说　　明
_blank	在新窗口中打开目标资源
_self	默认值，在当前的窗口或框架中打开目标资源
_parent	在父框架集中打开目标资源
_top	在整个窗口中打开目标资源
框架名称	在指定的框架中打开目标资源

例如：

```
<a href = "http://www.whpu.edu.cn/" target="_blank">武汉轻工大学</a>
```

用户单击文本链接指针"武汉轻工大学"时，即可在新的浏览器窗口打开武汉轻工大学的主页内容。在这个例子中，充当文本链接指针的是文本"武汉轻工大学"。例 1-12 中展示了文本超链接的定义方法，在浏览器中的显示效果如图 1-15 所示。

例 1-12　example1-12.html

```
<!doctype html>
<html>
<head>
    <meta charset="utf-8">
    <title>文本链接</title>
</head>
```

扫一扫，看视频

```
<body>
   常用的购物网站有：
   <ul>
    <li><a href="http://www.taobao.com/">淘宝</a></li>
    <li><a href="http://www.jd.com" target="_blank">京东</a></li>
    <li><a href="http://www.suning.com" target="_top">苏宁</a></li>
   </ul>
</body>
</html>
```

图 1-15　文本链接

2．书签链接

当一个网页内容较多且页面过长时，浏览网页以寻找页面的一个特定目标时，就需要不断地拖动滚动条，且找起来非常不方便，这种情况下需要用到书签链接。

书签链接可用于在当前页面的书签位置间跳转，也可跳转到不同页面的书签位置。创建书签链接需要两步：第一步是创建书签，第二步是创建书签链接。

（1）创建书签。创建书签的标记与链接标记相同，都是使用<a>标记。其基本语法结构如下：

```
<a name="书签名">[文字或图片]</a>
```

需要说明的是"[文字或图片]"中的"[]"表示一个可选项，其中的文字或图片是可有可无的，书签将在当前<a>标记位置建立一个 name 属性值指定的书签。注意：书签名不能有空格。

（2）创建书签链接。链接到同一页面的书签链接的定义语法如下：

```
<a href="#书签名">源端点</a>
```

链接到不同页面的书签链接的定义语法如下：

```
<a href="file_URL#书签名">源端点</a>
```

例 1-13 在 example1-14.html 中定义了书签<a name="top4">第 4 章</a>，现在要从 example1-13.html 中跳转到 example1-14.html 并且将位置定到书签"top4"所在的位置，就可以在 example1-13.html 中设置书签链接<a href="example1-14.html#top4">第 4 章</a>，例 1-13 的运行结果如图 1-16、图 1-17 所示。

例 1-13（1） example1-13.html

```
<!doctype html>
<html>
<head>
    <meta charset="utf-8">
    <title>书签链接</title>
</head>
<body>
  书中目录:
  <ul>
    <li><a href="example1-14.html#top4">第 4 章</a></li>
    <li><a href="example1-14.html#top5">第 5 章</a></li>
  </ul>
</body>
</html>
```

例 1-13（2） example1-14.html

```
<!doctype html>
<html>
<head>
    <meta charset="utf-8">
    <title>书签链接</title>
</head>
<body>
  书中目录:
  <ul>
  <li><a name="top1">第 1 章</a></li>
  <li><a name="top2">第 2 章</a></li>
  <li><a name="top3">第 3 章</a></li>
  <li><a name="top4">第 4 章</a></li>
  <li><a name="top5">第 5 章</a></li>
  <li><a name="top6">第 6 章</a></li>
  <li><a name="top7">第 7 章</a></li>
  <li><a name="top8">第 8 章</a></li>
  <li><a name="top9">第 9 章</a></li>
  <li><a name="top10">第 10 章</a></li>
  <li><a name="top11">第 11 章</a></li>
  <li><a name="top12">第 12 章</a></li>
  <li><a name="top13">第 13 章</a></li>
  <li><a name="top14">第 14 章</a></li>
  <li><a name="top15">第 15 章</a></li>
  <li><a name="top16">第 16 章</a></li>
  <li><a name="top17">第 17 章</a></li>
  <li><a name="top18">第 18 章</a></li>
  </ul>
</body>
</html>
```

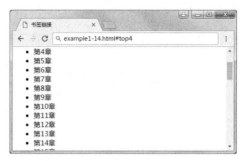

图 1-16　创建书签链接　　　　　　　　图 1-17　创建书签

1.4.5　图片标记

在 HTML 语言制作的网页文档中可以加载图像，可以把图像作为网页文档的内在对象（内联图像），也可以将其作为一个通过超链接下载的单独文档，或者作为文档的背景。

在文档内容中加入图像（静态的或者具有动画效果的图标、照片、说明、绘画等）时，文档会变得更加生动活泼，更加引人入胜，而且看上去更加专业、更具信息性并易于浏览，还可以专门将一个图像作为超链接的可视引导图。

HTML 语言中没有规定图像的官方格式，但解释执行网页的浏览器规定了 GIF 和 JPEG 图像格式作为网页的图像标准，其他多媒体格式大多需要特殊的辅助应用程序，每个浏览器的使用者都要获得、安装并正确地操作这些应用程序，才能在浏览器中正确地打开这些特殊的多媒体文件。

在 Web 出现以前，GIF 和 JPEG 两种图像格式已经得到了广泛使用，所以有大量的支持软件可以创建这两种格式的图像。

GIF（Graphics Interchange Format）格式指图像交换格式，采用一种特殊的压缩技术，可以显著地减小图像文件的大小，从而在网络上更快地进行传输。GIF 压缩是"无损"压缩，也就是说，图像中原来的数据不会发生改变或丢失，所以解压缩并解码后的图像与原来的图像完全一样。由于 GIF 格式的图像的颜色数目有限，使用 GIF 格式编码的图像并不是任何时候都适用，尤其是对那些具有照片一样逼真效果的图片来说并不合适。GIF 格式可以用来创建非常好看的图标和颜色不多的图像及图画。此外，GIF 图像还非常容易实现动画效果。

联合图像专家组（Joint PhotograPhic ExPerts Group，JPEG）是开发现在所使用的 JPEG 图像编码格式的标准化组织。和 GIF 图像一样，JPEG 图像也是独立于平台的，而且为了通过数字通信技术进行高速传播而专门进行了压缩。和 GIF 图像不一样的是，JPEG 图像支持数以万计的颜色，可以显示更加精细而且像照片一样逼真的数字图像。

JPEG 图像使用的是特殊的压缩算法，从而可以实现非常高的压缩比。例如，把 200 KB 大小的 GIF 图像压缩到只有 30 KB 大小的 JPEG 图像，这种情况非常普遍。为了达到这样惊人的压缩率，JPEG 格式要损失一些图像数据。然而，通过专门的 JPEG 工具可以调整这个"损失率"，这样尽管压缩后的图像和原来的图像并不完全一样，但大多数人都无法分辨出压缩前后的差别。

尽管 JPEG 格式对照片来说是一个不错的选择，但对插图来说就不那么合适了。JPEG 格式使用的压缩和解压缩算法在处理大范围的颜色块时，会留下很明显的人工痕迹。所以，如果想显示出用线条描绘的图画，GIF 格式更适合一些。JPEG 格式通常由.jpg（或者.JPG）文件名来结尾。

在 HTML 语言中使用<img>标记在网页中嵌入图像，并设置图像的属性。其语法格式如下：

```
<img src="图片文件路径" alt="提示文本" height="图片高度" width="图片宽度" />
```

其中，src 属性和 alt 属性是必需的；通过 height 属性和 width 属性可以调整图片显示的大小，如果不设置这两个属性值，则使用图片原始的属性值，另外这两个属性的属性值可以是像素，也可以是百分数，如果是百分数则指相对于浏览器窗口的一个比例。有时为了对网页上的图片做某些方面的描述说明，或者当网页图片无法下载时能让用户了解图片内容，在制作网页时可以通过图片的 alt 属性对图片设置提示文本。

例 1-14 中展示了在网页中如何显示图片的方法，在浏览器中的显示效果如图 1-18 所示。

例 1-14　example1-15.html

扫一扫，看视频

```
<!doctype html>
<html>
<head>
    <meta charset="utf-8">
    <title>图片使用</title>
</head>
<body>
  <img src="1-14.jpg" alt="图片默认的高度与宽度">
</body>
</html>
```

图 1-18　图片标记

<a>标记不仅可以为文字设置超链接，还可以为图片设置超链接。为图片设置超链接有两种方式，一种方式是将整个图片设置为超链接，只要单击该图片就可以跳转到链接的 URL 上；

另一种方式是为图片设置热点区域，将图片划分为多个区域，单击图片不同的位置将会跳转到不同的链接上。

（1）将整个图片设置为超链接。例 1-15 中展示了在网页中如何将图片设置为超链接，并把图片大小设置成高 150 像素、宽 200 像素，在浏览器中的显示效果如图 1-19 所示。

例 1-15　example1-16.html

```html
<!doctype html>
<html>
<head>
    <meta charset="utf-8">
    <title>图片使用</title>
</head>
<body>
 <a href="http://www.whpu.edu.cn">
  <img src="1-14.jpg" width="200" height="150" border="3">
 </a>
</body>
</html>
```

扫一扫，看视频

图 1-19　图片设置超链接

（2）设置图片的热点区域。在定义图片的热点区域时，除了要定义图片热点区域的名称之外，还要设置其热区范围。可以使用 IMG 元素中的 usemap 属性和<map>标记创建，其语法格式如下：

```html
<img src="图片文件路径" usemap="#map 名" />
<map name="map 名">
 <area shape="图片热区形状" coords="热区坐标" href="链接地址"
</map>
```

其中 usemap 属性值中的"map 名"必须是<map>标记中的 name 属性值，因为可以为不同的图片创建热点区域，每个图片都会对应一个<map>标签，不同的图片以 usemap 的属性值来区别不同的<map>标签。需要注意的是，usemap 属性值中的"map 名"前面必须加上"#"号。

<map>标记里至少要包含一个<area>元素，如果一个图片上有多个可单击区域，将会有多

个<area>元素。在<area>元素里，必须指定 coords 属性，该属性值是一组用逗号隔开的数字，通过这些数字可以决定可单击区域的位置。但是 coords 属性值的具体含义取决于 shape 的属性值，shape 属性用于指定可单击区域的形状，默认的单击区域是整个图片区域。shape 属性的属性值可进行如下设置。

1）rect：指定可单击区域为矩形，coords 的值为"x1,y1,x2,y2"，用以规定矩形左上角（x1，y1）和右下角（x2，y2）的坐标。

2）circle：指定可单击区域为圆形，此时 coords 的值为 "x,y,z"，其中 x 和 y 代表圆心的坐标，z 为圆的半径长度。

3）poly：指定多边形各边的坐标，coords 的值为 "x1,y1,x2,y2,...,xn,yn"，其中 "x1,y1" 为多边形第一个顶点的坐标，其他类似。HTML 中的多边形必须是闭合的，所以不需要在 coords 的最后重复第一个顶点坐标来将整个区域闭合。

在例 1-16 中设定一个图像的高度为 100 像素，宽度为 210 像素。在此图片中设置上、下两个矩形图片的热点区域，上面的矩形热点区域是从点（0，0）到点（210，50），链接的地址是 "http://www.whpu.edu.cn"，下面的矩形热点区域是从点（0，50）到点（210，100），链接的地址是 "http://www.baidu.com/"。

例 1-16　example1-17.html

```
<!doctype html>
<html>
<head>
    <meta charset="utf-8">
    <title>图片热点区域</title>
</head>
<body>
 <img src="1-14.jpg" width="210" height="100" usemap="#myMap">
 <map name="myMap">
  <area shape="rect" coords="0,0,210,50"
        href="http://www.whpu.edu.cn">
  <area shape="rect" coords="0,50,210,100" href="http://www.baidu.com">
 </map>
</body>
</html>
```

扫一扫，看视频

1.4.6　多媒体标记

1. 滚动字幕标记

使用<marquee>标记可以实现文字或者图片的跑马灯效果。例如，可以使一段文字从浏览器的右侧进入，横穿屏幕，到浏览器的左侧消失，也可以使一段文字从浏览器的下侧进入，到浏览器的上侧消失。具体采用哪种跑马灯效果可通过对应的属性控制。<marquee>标记的语法格式如下：

```
<marquee behavior="value" bgcolor="rgb" direction="value"
scrollamount="value"  scrolldelay="value" truespeed="truespeed" loop="digit"
height="value" width="value"  hspace="value" vspace="value">文字或图片
</marquee>
```

<marquee>标记的属性及说明如表 1-6 所示。

表 1-6   <marquee>标记的属性及说明

属　　性	说　　明
behavior	指定跑马灯效果，可为 scroll（滚动）、slide（滑动）和 alternate（交替）
bgcolor	指定跑马灯效果区域的背景颜色
direction	指定跑马灯效果的移动方向，可以为 left（向左）、right（向右）、up（向上）和 down（向下）
scrollamount	指定每次移动的距离，取值为正整数，数值越大移动得越快
scrolldelay	指定每次移动延迟的时间，单位为毫秒
truespeed	指定跑马灯效果的速度，单位为毫秒
loop	指定跑马灯效果运行的次数，取值为整数，-1 为无限循环
height	指定跑马灯效果区域的高度，可以是像素值，也可以是百分比
width	指定跑马灯效果区域的宽度，可以是像素值，也可以是百分比
hspace	指定跑马灯效果区域左右的空白宽度，属性值为正整数，不包括单位
vspace	指定跑马灯效果区域上下的空白宽度，属性值为正整数，不包括单位

在例 1-17 中使用 marquee 标记创建了由左向右的滚动字幕，滚动速度为每 200 毫秒移动
10 像素。

例 1-17　example1-18.html

```
<!doctype html>
<html>
<head>
    <meta charset="utf-8">
    <title>滚动字幕</title>
</head>
<body>
  <marquee behavior="scroll" direction="right" scrollamount="10"
scrolldelay="200">
    这是一个滚动字幕。
  </marquee>
</body>
</html>
```

2. 嵌入音视频文件

在网页中可以使用嵌入标记<embed>嵌入 MP3 音乐、电影等多媒体内容，使网页更加生

动。其基本语法格式如下：

```
<embed src="音频或视频文件的 URL"></embed>
```

在< embed>标记中，除了必须设置 src 属性之外，还可以设置其他属性获得所嵌入多媒体对象的不同表现效果。<embed>标记的常用属性及说明如表 1-7 所示。

表 1-7　<embed>标记的常用属性

属　性	说　明
autostart	规定音频或视频文件是否在下载完之后自动播放，值可以为 true、false
loop	规定音频或视频文件是否循环及循环次数。属性值为正整数时，音频或视频文件的循环次数与正整数值相同；属性值为 true 时，音频或视频文件循环；属性值为 false 时，音频或视频文件不循环
hidden	规定控制面板是否显示，默认值为 no。值可以为 true、no
starttime	规定音频或视频文件开始播放的时间，默认从文件开头播放。语法：starttime=mm:ss（分:秒）
volume	规定音频或视频文件的音量大小，未定义则使用系统本身的设定值。其值是 0~100 之间的整数

在例 1-18 中使用<embed>元素创建设置自动播放 MP3 音乐，该音乐自动播放 3 次。

例 1-18　example1-19.html

```
<!doctype html>
<html>
<head>
    <meta charset="utf-8">
    <title>网页嵌入音乐</title>
</head>
<body>
  <embed src="Hotel California.mp3" width="230" height="260" loop="3" >
</body>
</html>
```

扫一扫，看视频

1.4.7　标记类型

HTML 将 HTML 标记分为三种，分别是行内标记、块状标记和行内块状标记。需要说明的是这三者可以互相转换。使用 display 属性能够将三者任意转换：

（1）display:inline;　　转换为行内标记。

（2）display:block;　　转换为块状标记。

（3）display:inline-block;　　转换为行内块状标记。

1. 行内标记

行内标记最常使用的就是<span>标记，其他的只在特定功能下使用。例如修饰字体<b>和

<i>标记，还有<sub>和<sup>这两个标记可以直接做出下标、上标的效果。常用的行内标记及说明如表 1-8 所示，行内标记的主要特征有以下几点：

（1）在 CSS 中设置宽/高无效。

（2）在 CSS 中对 margin 属性仅能设置左右方向有效，上下无效；padding 属性设置上下左右都有效，即会撑大空间。行内标记的尺寸由包含的内容决定。盒子模型中 padding、border 与块级元素并无差异，都是标准的盒子模型，但是 margin 属性只有水平方向的值，垂直方向并没有起作用。

（3）不会自动进行换行。

表 1-8　常用的行内标记及说明

标 记 名	说　明	标 记 名	说　明
a	锚点	label	表格标签
abbr	缩写	q	短引用
acronym	首字	s	删除线
b	粗体	samp	定义范例计算机代码
big	大字体	select	项目选择
br	换行	small	小字体文本
cite	引用	span	常用内联标记
code	计算机代码	strike	中划线
dfn	定义字段	strong	粗体强调
em	强调	sub	下标
font	设定字体	sup	上标
i	斜体	textarea	多行文本输入框
img	图片	tt	电传文本
input	输入框	u	下划线
kbd	定义键盘文本	var	定义变量

2. 块状标记

块状标记中具有代表性的就是 div，其他常用块状标记及说明如表 1-9 所示。为了方便程序员解读代码，一般都会使用特定的语义化标签，使代码可读性强，且便于查错。块状标记的主要特征有以下几点：

（1）在 CSS 的设置中，能够识别宽/高。

（2）在 CSS 的设置中，margin 属性和 padding 属性的上下左右均对其有效。

（3）可以自动换行。

（4）多个块状标记的标签写在一起，默认排列方式为从上至下。

表 1-9 块状标记及说明

标 记 名	说 明	标 记 名	说 明
address	地址	h4	4 级标题
blockquote	块引用	h5	5 级标题
center	居中对齐块	h6	6 级标题
dir	目录列表	hr	水平分隔线
div	常用块级标记	input	表单
dl	定义列表	ol	有序列表
fieldset	form 控制组	p	段落
form	交互表单	pre	格式化文本
h1	大标题	table	表格
h2	副标题	ul	无序列表
h3	3 级标题		

3. 行内块状标记

行内块状标记综合了行内标记和块状标记的特性，但是各有取舍。因此在日常使用中，行内块状标记的使用次数比较多。行内块状标记的主要特征有以下几点：

（1）不自动换行。

（2）能够识别宽/高。

（3）默认排列方式为从左到右。

在 HTML5 中，程序员可以自定义标签，在任意定义标签中加入"display:block;"即可，当然也可以是行内标记或行内块状标记。

1.4.8 meta 标记

1. 概述

meta 标记位于 HTML 文档的<head>和<title>之间，虽然其提供的信息用户不可见，却是文档最基本的元素信息。<meta>除了提供文档字符集、使用语言、作者等基本信息外，还涉及对关键词和网页等级的设定，所以 meta 标记的内容设计对于搜索引擎来说至关重要。合理利用 meta 标记的 description 和 keywords 属性，加入网站的关键字或者网页的关键字，可使网站更加贴近用户体验。

2. 属性

meta 标记共有两个属性，分别是 name 属性和 http-equiv 属性。

（1）name 属性。name 属性主要用于描述网页，例如网页的关键词、叙述等。与之对应的属性值为 content，content 中的内容是对 name 填入类型的具体描述，便于搜索引擎抓取。meta 标记中 name 属性的语法格式是：

```
<meta name="参数"   content="具体的描述">
```

其中 name 属性共有以下几种参数。

➢ keywords（关键字）：用于告诉搜索引擎该网页的关键字。例如：

```
<meta name="keywords" content="前端,CSS">
```

➢ description（网站内容的描述）：用于告诉搜索引擎该网站的主要内容。例如：

```
<meta name="description" content="热爱前端与编程">
```

➢ viewport（移动端的窗口）：该属性常用于设计移动端网页。

（2）http-equiv 属性。顾名思义，http-equiv 相当于 http 的文件头的作用。meta 标记中 http-equiv 属性的语法格式为：

```
<meta http-equiv="参数" content="具体的描述">
```

其中 http-equiv 属性主要有以下几种参数。

➢ content-Type（设定网页字符集）：用于设定网页字符集，便于浏览器解析与渲染页面。例如：

```
<meta http-equiv="content-Type" content="text/html;charset=utf-8">
```

➢ expires（网页到期时间）：用于设定网页的到期时间，过期后网页必须到服务器上重新传输。例如：

```
<meta http-equiv="expires" content="Sunday 26 October 2018 01:00 GMT" />
```

➢ refresh（自动刷新并指向某页面）：网页将在设定的时间内自动刷新并调向设定的网址。例如需要 2 秒后自动跳转到 http://www.whpu.edu.cn/，代码如下：

```
<meta http-equiv="refresh" content="2; URL=http://www.whpu.edu.cn/">
```

➢ Set-Cookie（cookie 设定）：如果网页过期，那么这个网页存在本地的 cookies 也会被自动删除。

```
<meta http-equiv="Set-Cookie" content="name, date"> //格式
```

京东首页的 meta 设置代码如下所示：

```
<meta charset="gbk">
<meta name="description" content="京东 JD.COM-专业的综合网上购物商城,销售家电、数码通讯、电脑、家居百货、服装服饰、母婴、图书、食品等数万个品牌优质商品.便捷、诚信的服务,为您提供愉悦的网上购物体验!">
<meta name="Keywords" content="网上购物,网上商城,手机,笔记本,电脑,MP3,CD,VCD,DV,相机,数码,配件,手表,存储卡,京东">
```

本章小结

本章重点讲述了标准的 HTML 语言的结构和 HTML 语言的一些常用标记。学习完本章后

应能掌握 Web 主要内容包括超文本传输协议（HTTP）、统一资源定位符（URL）以及超文本语言(HTML)；HTTP 是客户端和服务器端信息交互的网络协议；URL 是网络上资源的唯一标识符，即俗称的网址。另外还应当了解 HTML 是用于描述网页文档的标记语言；HTML 文档即普通的静态网页，由 head 和 body 两部分组成。同时应该重点掌握 HTML 包含许多标记元素，主要有<font>、<p>、
、<u>、<ol>、<a>、<img>等，通过设置标记的相关属性可以控制元素在网页中的显示样式。最后能够利用 HTML 语言编写一些简单的 Web 网页，而且可以利用所学知识分析一些知名网站主页（如新浪主页等）的 HTML 语言结构。

习　题　一

一、填空题

1. HTML 文件是标准的_____文件，且其后缀名为_____或_____。

2. HTML 文件由_____组成。

3. 元素的起始标记叫作_____，元素结束标记叫作_____，在这两个标记中间的部分是_____。

4. HTML 文件仅由一对<html>标记组成，即文件以_____标记开始，以_____标记结尾。

5. <hn>标题元素有 6 种，用于表示文章中的各种题目。字号大小从<h1>到<h6>顺序_____。

6.
用于_____。<p>表示一个_____开始。

7. 字体和颜色设定为<font color="#00FF00">，而其中 00FF00 表示的含义是_____。

8. 统一资源定位器 URL 的构成为_____。

9. 在 HTML 文件中用链接指针指向一个目标，其基本格式为_____。

10. 在 HTML 网页中添加图像是通过<img>标记实现的，它有几个较为重要的属性。其中：src 属性用于_____；border 属性用于_____。

二、选择题

1. 设置文本上标的标记是_____。

    A．<p>　　　　　　B．<font>　　　　　　C．<sub>　　　　　　D．<center>

2. 下列标记中，单标记的是_____。

    A．
　　　　　　B．<font>　　　　　　C．<sub>　　　　　　D．<center>

3. 在超链接中，用于设置超链接地址的属性是_____。

    A．src　　　　　　B．target　　　　　　C．style　　　　　　D．href

4. 设置预定义格式的标记是_____。

    A．<p>　　　　　　B．<a>　　　　　　C．<img>　　　　　　D．<pre>

5. 下列字体中，默认显示字号最大的标记是_____。

    A．<h1>　　　　　　B．<h2>　　　　　　C．<h3>　　　　　　D．<h4>

三、简答题

1. HTML 的文件是由什么组成的？请给出一个标准的 HTML 文档的结构。

2. 统一资源定位器 URL 的主要作用是什么？请写出其标准的结构形式。

3. 写一个超链接语句，要求能够链接到自己学校的主页。

4. 预定义格式标记的作用是什么？

5. 打开超链接的五种方式是什么？

实验一　HTML 语言基础

一、实验目的及要求

1. 了解 HTML 文档的结构，学习如何编写 HTML 文档。

2. 练习使用 HTML 中最基本的一些标记，如定义标题、段落及标记文字的显示格式、背景图片、图像、水平线和超链接等。

3. 能够运用文本编辑器制作简单的网页。

二、实验要求

电子文档的文件名格式为"学号+姓名.doc"。若实验报告有高度雷同现象，则所有雷同的实验报告的成绩均评定为 0 分。

1. 制作一个基本的页面，页面显示结果如实验图 1-1 所示。该实验主要是了解<font>标记的使用方法，以及颜色的定义方式。请用真实信息替换实验图 1-1 中的"XX"。

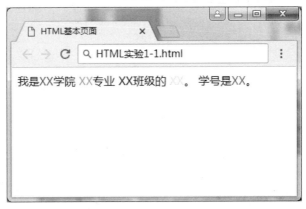

实验图 1-1　HTML 字体和颜色的运用

2. 制作一个带有超链接和相关标记的 HTML 页面，该页面的运行结果如实验图 1-2 所示。

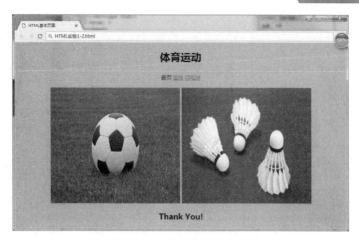

实验图 1-2   图片超链接的运用

三、实验步骤

1．在 D 盘上创建学生工作目录（文件夹），命名规则为"学号"，如"15050110000"为实验文件夹的名称。

2．打开"记事本"程序，写出相应的 HTML 语句，完成后将该文本文件命名为"1-1.htm"，保存到上述对应的工作目录中（注意在保存文件时，保存类型一定要选择所有文件）。

3．关闭文档，双击工作目录中的"1-1.htm"文件，显示效果如实验图 1-1 所示。

第 2 章

表格与表单

本章知识目标：

本章主要讲解 HTML 语言三类主要的标记：表格、表单、框架。通过对本章的学习，读者应该掌握以下主要内容：

- ❑ 表格的应用方式；
- ❑ 表单标记的语法结构；
- ❑ 不同表单标记的适用场合；
- ❑ 框架结构的划分方法。

扫一扫，看PPT

2.1　表　　格

2.1.1　表格概述

表格通过行列的形式直观形象地将内容呈现出来，是文档处理过程中经常用到的一种对象。在 HTML 中，表格除了用来进行数据对齐之外，一个重要作用就是用于排版网页的页面内容，可以把任意的网页元素存放在 HTML 表格的单元格中（例如导航条、文字、图像、动画等），从而使网页中各个组成部分排列有序。

表格属于结构性对象，每个表格由若干行组成，每一行又由若干个单元格组成。表格内的具体信息放置在单元格中，单元格可以包含文本、图像、列表、段落、表单、水平线以及其它表格等。也就是说一个表格包括行、列和单元格三个组成部分。其中行是表格中的水平分隔，列是表格中的垂直分隔，单元格是行和列相交生成的区域。整个表格至少需要用三个标记来表示，分别是<table>、<tr>和<td>，其中< table>用于声明一个表格对象，<tr>用于声明一行，<td>用于声明一个单元格。表格的基本语法结构如下所示：

```
<table>
  <tr>
      ……
    <td>单元格内容</td>
      ……
  </tr>
  <tr>
      ……
    <td>单元格内容</td>
      ……
  </tr>
</table>
```

需要说明的是，表格中所有的<tr></tr>标记都必须放到<table></table>标记之间，一个<table></table>标记中有多少行，就需要有多少个<tr></tr>标记，而<td></td>标记需要放到<tr></tr>标记之间，一个<tr></tr>标记中有多少个单元格，就需要包含多少个<td></td>标记。需要注意的是，所有需要在表格中显示的内容（包括嵌套表格）都应放到单元格<td></td>标记对之间。

例 2-1 中制作了一个 2 行 3 列的表格，表格的宽度为 300 像素，边框线宽度为 2 像素，在浏览器中的显示效果如图 2-1 所示。

例 2-1　example2-1.htm

```
<!doctype html>
<html>
  <head>
```

```
    <meta charset="utf-8">
    <title>表格示例</title>
  </head>
  <body>
    <table width="300" border="2">
      <tr>
        <td>第 1 行第 1 个单元格</td>
        <td>第 1 行第 2 个单元格</td>
        <td>第 1 行第 3 个单元格</td>
      </tr>
      <tr>
        <td>第 2 行第 1 个单元格</td>
        <td>第 2 行第 2 个单元格</td>
        <td>第 2 行第 3 个单元格</td>
      </tr>
    </table>
  </body>
</html>
```

图 2-1　基本表格

在例 2-1 中，<table>标记中的 width 属性设置表格的宽度是 300 像素，border 属性设置表格的边框线是 2 像素。

2.1.2　表格的基本结构

从结构上看，表格可以分成表头、主体和表尾三个部分，分别用<thead>、<tbody>、<tfoot>标记表示。表头和表尾在一张表格中只能有一个，而一张表格可以有多个主体。

对于大型表格来说，应该将<tfoot>出现在<tbody>的前面，这样浏览器显示数据时，有利于加快表格的显示速度。另外，<thead>、<tbody>、<tfoot>标记内部都必须使用<tr>标记。

使用<thead>、<tbody>、<tfoot>对表格进行结构划分的好处是可以先显示<tbody>的内容，而不必等整个表格下载完成后才能显示。无论<thead>、<tbody>、<tfoot>的顺序如何改变，<thead>的内容总是在表格的最前面，<tfoot>的内容总是在表格的最后面。

例 2-2 是使用了<thead>、<tbody>、<tfoot>结构制作的表格，表格的宽度为 300 像素，边框线宽度为 2 像素，并把表尾的三个单元格进行合并，同时<tfoot>标记定义的内容放到<tbody>

标记的前面，但其显示结果仍然按照<thead>、<tbody>、<tfoot>结构的顺序在浏览器中显示。
例 2-2 在浏览器中的显示效果如图 2-2 所示。

例 2-2 example2-2.htm

```
<!doctype html>
<html>
  <head>
    <meta charset="utf-8">
    <title>表格基本结构</title>
  </head>
  <body>
    <table border="2" width="300">
      <caption>教师信息表</caption>
      <thead>
        <tr>
            <th>工号</th>
            <th>姓名</th>
            <th>性别</th>
        </tr>
      </thead>
      <tfoot>
        <tr>
            <td colspan="3" align="center">这里是表尾</td>
        </tr>
      </tfoot>
      <tbody>
        <tr>
            <td>8888</td>
            <td>刘艺丹</td>
            <td>女</td>
        </tr>
      </tbody>
    </table>
  </body>
</html>
```

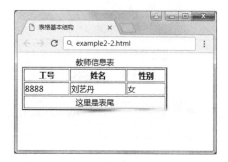

图 2-2 表格的基本结构

例 2-2 中使用了表格的多个相关标记，例如<caption>、<th>，表 2-1 中列出了这些表格相关标记的说明。

表 2-1　表格相关标记的说明

元　　　素	说　　　明
table	表格的最外层标记，代表一个表格
tr	单元行，由若干单元格横向排列而成
td	单元格，包含表格数据
th	单元格标题，与 td 作用相似，但一般作为表头行的单元格
thead	表头分组
tfoot	表尾分组
tbody	表格主体分组
colgroup	列分组
caption	表格标题

2.1.3　表格的属性

使用<table>标记可以设置表格的高度、宽度、边框线的粗细、对齐方式、背景颜色、背景图片、单元格间距和边距等表格属性。表 2-2 中列出了这些属性及其说明。

表 2-2　表格的基本属性

属　　　性	说　　　明
align	表格的对齐方式，通常是 left（左对齐）、center（居中对齐）、right（右对齐）
border	表格边框
bordercolor	表格边框的颜色
bgcolor	表格的背景颜色
background	表格的背景图片
cellspacing	单元格之间的间距
cellpadding	单元格的内容与其边框的内边距
height	表格高度
width	表格宽度

例 2-3 中表格通过 border 属性设定表格边框线的宽度为 2 像素；通过 bordercolor 属性设定表格边框线的颜色为红色；通过 width 属性设定表格宽度为 400 像素；通过 height 属性设定表格高度为 60 像素；通过 cellspacing 属性设定单元格之间的间距为 1 像素；通过 cellpadding 属性设定单元格的内容与其边框的内边距为 2 像素；通过 align 属性设定表格为居中对齐；通过 background 属性设定表格的背景图片文件名为 "2-3.jpg"；通过 bgcolor 属性设定表格的背景颜色为粉色。例 2-3 在浏览器中的显示效果如图 2-3 所示。

例 2-3　example2-3.htm

```
<!doctype html>
<html>
  <head>
    <meta charset="utf-8">
    <title>表格的属性</title>
  </head>
  <body>
    <table align="center" border="2" bgcolor="pink" background="2-3.jpg"
bordercolor="red" width="400px" height="60px" cellspacing="1" cellpadding="2">
    <caption>表格标题</caption>
     <tr>
       <th>学号</th>
       <th>姓名</th>
       <th>专业</th>
     </tr>
     <tr>
       <td>8888</td>
       <td>张三</td>
       <td>网络工程</td>
     </tr>
     </table>
     </body>
</html>
```

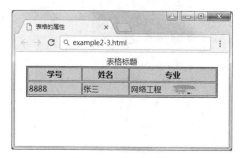

图 2-3　表格的属性

使用<table>标记可以从总体上设置表格属性，根据网页布局的需要，还可以单独对表格中的某行和某一个单元格进行属性设置。在 HTML 文档中，<tr>标记用来生成和设置表格中一行的标记，其属性的语法格式如下：

<tr height="行高" align="水平对齐方式" valign="垂直对齐方式" bgcolor="背景颜色">

例 2-4 中表格通过 border 属性设定表格边框线的宽度为 2 像素；通过 width 属性设定表格宽度为 400 像素；在表格的第二行<tr>标记中，通过 align 属性设定表格水平方向为居

中对齐；通过 height 属性设定表格高度为 100 像素；通过 valign 属性（取值可以为 top 顶端对齐、middle 居中对齐、bottom 底端对齐）设定该行的垂直方向为居中对齐；通过 bgcolor 属性设定该行的背景颜色为黄色。例 2-4 在浏览器中的显示效果如图 2-4 所示。

例 2-4　example2-4.htm

```html
<!doctype html>
<html>
  <head>
    <meta charset="utf-8">
    <title>表格的行属性</title>
  </head>
<body>
    < table border="2" width="400px"  >
    <caption>学生信息</caption>
    <tr>
      <td>学号</td>
      <td>姓名</td>
      <td>专业</td>
    </tr>
    <tr align="center" valign="middle" height="100px" bgcolor="yellow" >
      <td>8888</td>
      <td>张三</td>
      <td>网络工程</td>
    </tr>
  </table>
  </body>
</html>
```

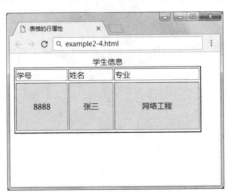

图 2-4　表格的行属性

2.1.4　单元格合并

默认情况下，表格中每行的单元格高度和宽度都是一样的，但很多时候，由于制表需要或布局页面的需要，表格每行的单元格数目不一致，这时表格就需要执行跨行或跨列操作，也就是需要合并单元格。跨行和跨列功能可以分别通过单元格的 rowspan 和 colspan 属性实现，其基本语法如下：

```
<td rowspan="所跨行数" colspan="所跨列数">
```

需要说明的是，rowspan 和 colspan 的属性值是一个具体的数值。在例 2-5 中制作一个 2 行 5 列的表格，要求把表格第 1 行和第 2 行的最后一个单元格合并，并在此合并的单元格中放入一张图片；把表格第 2 行的中间 3 个单元格合并，并在此合并单元格中放入一个超链接；把表格第 3 行的后面 4 个单元格合并。例 2-5 在浏览器中的显示效果如图 2-5 所示。

例 2-5　example2-5.htm

```
<!doctype html>
<html>
  <head>
    <meta charset="utf-8">
    <title>合并单元格</title>
  </head>
  <body>
    <table border="2" width="400px" >
     <caption>大奖赛登记表</caption>
      <tr>
        <td>报名号</td>
        <td>00757</td>
        <td>性别</td>
        <td>女</td>
        <td rowspan="2">
          <img src="2-5.jpg" alt="登记照">
        </td>
      </tr>
      <tr>
        <td>姓名</td>
        <td colspan="3">
          <a href="#">李四</a>
        </td>
      </tr>
      <tr>
        <td>推荐单位</td>
        <td colspan="4">武汉科技有限公司</td>
      </tr>
    </table>
  </body>
</html>
```

图 2-5　单元格合并

2.2　表　单

2.2.1　表单概述

　　表单是一个容器，用来收集客户端要提交到服务器端的信息。客户端将信息填写在表单的控件中，当用户单击表单中的提交按钮时，表单中控件所包含的信息就会被提交给表单的 action 属性所指定的服务器处理程序。表单的使用非常广泛，是网页上用于输入信息的区域，例如向文本框中输入文字，在选项框中进行选择等。从表单的设计到服务器返回处理结果的流程包括：

　　（1）通过表单控件设计表单。

　　（2）通过浏览器将表单显示在客户端。

　　（3）在客户端填写相关信息，并单击表单中的提交按钮，将表单提交给处理程序。

　　（4）服务器处理完表单后，将生成的结果返回给客户端浏览器。

1. 表单的组成

　　在一个网页中可以包含多个表单。每一个表单有三个基本组成部分，分别是：

　　（1）表单标签：包含处理表单数据使用的服务器端程序的 URL 以及数据提交到服务器的方法。

　　（2）表单域：包含文本框、密码框、隐藏域、多行文本框、复选框、单选按钮、下拉选择框和文件上传框等，用来收集用户需要提交到服务器的数据。

　　（3）表单按钮：包括提交按钮、复位按钮和一般按钮。这些按钮的触发事件用于将数据传送到服务器上的 CGI 脚本或者取消输入，还可以用表单按钮来控制其他定义了处理脚本的处理工作。

2. 表单标记

表单标记用来定义表单采集数据的范围，其起始标记和结束标记分别是<form>和</form>，在该标记中包含的数据将被提交到服务器或者电子邮件里。表单标记的语法格式如下所示：

```
<form action="URL" method="get|post" enctype="..." target="...">
</form>
```

其中：

（1）action="URL"，用来指定服务器端处理提交表单信息的程序是什么。也就是用户单击提交按钮后，用户输入的信息由 action 的属性值所指定的服务器端程序来接收数据，而 action 的属性值可以是一个 URL 地址或一个电子邮件地址。

（2）method="get|post"，用来指明提交表单数据到服务器所使用的传递方法。使用 post 方法将会在传送表单信息的数据包中包含名称/键值对，并且这些信息对用户是不可见的。post 方法的安全性比较高，传送的数据量相比 get 方法要大，所以一般推荐使用 post 方法进行数据传送。

get 方法是把名称/键值对加在 action 的 URL 后面，并且把所形成的 URL 送至服务器。get 方法的安全性较差，传输的数据量小，一般限制在 2 KB 左右，但其执行效率比 post 方法高。

（3）enctype="..."，enctype 属性规定在发送到服务器之前应该如何对表单数据进行编码。

默认 enctype 的属性值为"application/x-www-form-urlencoded"，即该编码在发送到服务器之前，将所有字符都进行编码（空格转换为加号，特殊符号转换为 ASCII HEX 值）；multipart/form-data 属性值不对字符编码，在使用包含文件上传控件的表单时，必须使用该值；text/plain 属性值会把信息中的空格转换为"+"加号，但不对特殊字符编码。

（4）target="..."，用来指定提交数据给服务器后，服务器所返回的文档结果的显示位置，该属性的取值及含义如下。

➢ _blank：在一个新的浏览器窗口显示文档。

➢ _self：在当前浏览器中显示指定文档。

➢ _parent：把文档显示在当前框的直接父级框中，如果没有父框时等价于_self。

➢ _top：把文档显示在原来的最顶部浏览器窗口中，因此取消所有其他框架。

2.2.2 表单标记

在 form 的开始与结束标记之间，除了可以使用 html 标记外，还有三个特殊标记，分别是 input（在浏览器的窗口上定义一个可以供用户输入的单行窗口、单选按钮或复选框）、select（在浏览器的窗口上定义一个可以滚动的菜单，用户在菜单内进行选择）、textarea（在浏览器的窗口上定义一个域，用户可以在这个域内输入多行文本）。

1. input 标记

HTML 中的 input 标记是表单中最常用的标记。网页中常见的文本框、按钮等都是用这个标记定义的。input 标记定义的语法格式如下所示：

```
<input type="..." name="..." value="...">
```

其中 type 属性用来说明提供给用户进行信息输入的类型，例如文本框、单选按钮或复选框。type 属性的取值如表 2-3 所示。

表 2-3 input 标记 type 中属性的属性值及说明

属 性 值	说 明
text	表示在表单中使用单行文本框
password	表示在表单中为用户提供密码输入框
radio	表示在表单中使用单选按钮
checkbox	表示在表单中使用复选框
ʒubmit	表示在表单中使用提交按钮
reset	表示在表单中使用重置按钮
button	表示在表单中使用普通按钮

（1）文字输入和密码输入。例 2-6 说明文字输入框和密码输入框的制作方法，在浏览器中显示的结果如图 2-6 所示。

例 2-6 example2-6.htm

```
<!doctype html>
<html>
  <head>
    <meta charset="utf-8">
    <title>表单</title>
  </head>
  <body>
    <form action="reg.jsp" method="post">
        请输入您的真实姓名：<input type="text" name="userName"><br>
        您的主页的网址：<input type="text" name="webAddress" value="http://"><br>
        密码：<input type="password" name="password"><br>
        <input type="submit" value="提交">
        <input type="reset" value="复位">
    </form>
  </body>
</html>
```

扫一扫，看视频

图 2-6　文本框和密码框

从例 2-6 可以看出，第 8 行至第 14 行使用了制作表单的标记<form>…</form>。第 9 行是单行文本框标记，并设置属性 name="userName"，这个属性定义了文本框在这个表单中的名字为 userName，以便和其他文本框区别，用户在这个文本框中输入信息并送到 Web 服务器后（本例可看出是由服务器端的 reg.jsp 接收输入的信息）就激活了服务器端的 reg.jsp 程序，在该程序中获得这个文本框输入的内容就要用到 userName 这个名字。第 10 行同样定义了一个文本框，但其设置属性 value="http://"，表示该文本框的默认值为 value="http://"，图 2-6 中显示在第 2行。第 11 行是密码输入框，其与文本框是有区别的，文本框是用户输入什么值就在文本框中显示什么值，而密码输入框是不管用户输入什么值都以"*"显示。

如果需要限制用户输入数据的最大长度时，在 input 标记中需要使用最大长度的属性maxlength。例如，一般中国人的名字最多为五个汉字即 10 个字节，所以在控制用户输入姓名时限制其最大长度为 10，则可把上例中的第 9 行改成：

```
请输入您的真实姓名: <input type="text" name="userName" maxlength="10"><br>
```

（2）复选框和单选按钮。在网页中要求用户输入一些个人基本信息时，有些信息只能进行选择而不能由用户自行输入。这些数据有可能在服务器端进行一些统计，所以输入的数据必须有严格限制，这时就需要用到复选框或者单选按钮。例如性别选项，不能输入而只能进行选择，因为性别只可能是"男"或者"女"，这种形式的选择框叫单选按钮，即在几个选项中仅能选中一个。另外有一种选择框叫"复选框"，即允许用户选中多个。单选按钮和复选框的语法格式如下：

```
单选按钮: <input type="radio" value="..." checked>
复选框: <input type= "checkbox" value="..." checked>
```

其中 checked 属性表示在初始情况下该单选按钮或复选框是否被选中。例 2-7 是单选按钮和复选框的使用实例，特别注意的是，定义为一组的单选按钮其 name 属性值必须相同。例 2-7在浏览器中的显示结果如图 2-7 所示。

例 2-7　example2-7.htm

```
<!doctype html>
<html>
  <head>
    <meta charset="utf-8">
```

```
   <title>表单</title>
  </head>
  <body>
   <form action="reg.asp" method="post" >
     选择一种你喜爱的水果:
     <br><input type="radio" name="sg" value="banana">香蕉
     <br><input type="radio" name="sg" value="apple">苹果
     <br><input type="radio" name="sg" value="orange">橘子
     <br>选择你所喜爱的运动:
      <br><input type="checkbox" name="ra1" value="football">足球
      <br><input type="checkbox" name="ra2" checked value="basketball">篮球
      <br><input type="checkbox" name="ra3" value="volleyball">排球
      <br>
     <input type="submit" value="提交">
      <input type="reset" value="重新输入">
   </form>
  </body>
</html>
```

扫一扫，看视频

图 2-7　单选按钮和复选框

（3）按钮。例 2-6 和例 2-7 中有两个按钮，一个是"submit"按钮，另一个"reset"按钮。其实"submit"按钮的真正含义叫"提交"，单击这个按钮后，用户输入的数据就会提交给一个驻留在 Web 服务器上的程序，该程序由<form>标记内的 action 属性来决定是哪个服务器程序，然后该服务器接收用户输入的信息并进行处理。提交按钮在表单中是必不可少的。当设置"submit"按钮时，可以通过设置 value 属性来改变"submit"按钮上显示的文字，例如 value="提交"。如果省略 value 属性，则浏览器窗口的按钮上出现"submit"字样。

在浏览器中常用的另一种按钮叫"reset"按钮。单击这个按钮后，用户在表单中输入的数据被全部清除，必须重新输入新的数据。可以通过 value 属性设置 reset 按钮上显示的文字，例如 value="重新输入"。

（4）隐藏域。隐藏域用来收集或发送信息的不可见元素。对于网页的访问者来说，隐藏域是看不见的。当表单被提交时，隐藏域就会将信息设置时定义的名称和值发送到服务器上。隐藏域的语法格式如下所示：

```
<input type="hidden" name="..." value="...">
```

2. select 标记

在制作 HTML 文件时，使用<select>...</select>标记可以在浏览器窗口中设置下拉式菜单或带有滚动条的菜单，用户可以在菜单中选中一个或多个选项。select 标记的语法格式如下所示：

```
<select name="" size="" multiple>
  <option value="选项 1">选项 1
  ......
  <option value="选项 n">选项 n
</select>
```

select 标记中有几个常用属性，分别是 name、size、multiple。其中 name 属性是用户提交表单时，服务器程序用于获取用户输入信息的名字；size 属性控制在浏览器窗口中这个菜单选项的显示条数；multiple 属性设置用户一次是否可以选择多个选项，如果缺省 multiple，用户一次只能选一项，类似于单选，有 multiple 属性时就是多选，使用组合键 Shift 键或 Ctrl 键，一次可以选中几个选项。

在 select 的开始和结束标记之间，通过 option 标记确定下拉列表选项，有几个选项就需要有几个 option 标记，选项的具体内容写在每个 option 之后。option 标记的某个选项如果需要默认被选中，可以在该 option 标记中定义 selected 属性。若在 select 标记中设定 multiple 属性，可以在多个 option 标记中带有 selected 属性，表示这些选项已经预先被选中。

例 2-8 中定义了一个出生年的下拉列表，在这些年份中 2000 年默认被选中，在浏览器中的显示结果如图 2-8 所示。

例 2-8　example2-8.htm

```
<!doctype html>
<html>
  <head>
    <meta charset="utf-8">
    <title>select 标记</title>
  </head>
  <body>
    出生年：
      <select name="birthYear" >
      <option value="1998">1998
      <option value="1999">1998
      <option value="2000" selected>2000
      <option value="2001">2001
      <option value="2002">2002
      <option value="2003">2003
      <option value="2004">2004
      <option value="2005">2005
    </select>
  </body>
</html>
```

扫一扫，看视频

图 2-8　下拉列表框

3. textarea 标记

在表单中如果需要输入大量的文字，特别是包括换行文字时，需要使用<textarea>多行文本框标记。在 HTML 中，<textarea>标记的语法格式如下：

```
<textarea name="..." cols="..." rows="..." wrap="off/virtual/physical">
</textarea>
```

其中：

（1）name 属性，多行文本框的名称，这项是必不可少的，服务器端通过这个名字获取这个文本框所输入的信息。

（2）cols 属性，垂直列。在没有进行样式表设置时，该属性的值表示一行中可容纳的字节数。例如 cols=60，表示一行中最多可容纳 60 个英文字符，也就是 30 个汉字。另外需要说明的是文本框的宽度也是通过这个属性调整的。

（3）rows 属性，水平行，表示可显示的行数。例如 rows=10，表示可显示 10 行。超过 10 行，需要拖动滚动条进行查看。

（4）通常情况下，用户在输入文本区域中输入文本时，只有按下 Enter 键时才产生换行。如果希望启动自动换行功能（word wrapping），需要将 wrap 属性设置为 virtual 或 physical。当用户输入的一行文本大于文本区的宽度时，浏览器会自动将多余的文字挪到下一行，在文字中最近的那一点进行换行。wrap="virtual"时，将实现文本区内的自动换行，以改善对用户的显示，但在传输数据给服务器时，文本只在用户按下 Enter 键的地方进行换行，其他地方没有换行效果；wrap="physical"时，将实现文本区内的自动换行，并以这种形式传送给服务器。因为文本要以用户在文本区内看到的效果传输给服务器，因此使用自动换行是非常有用的方法；如果把 wrap 设置为 off，将得到默认的动作。

例如将 60 个字符的文本输入到一个 40 个字符宽的文本区域内：

```
word wrapping is  a feature that makes life easier for users.
```

如果设置为 wrap="wrap"，文本区会包含一行文本，用户必须将光标移动到右边才能看到全部文本，这时将把一行文本传送给服务器；如果设置为 wrap="virtual"，文本区会包含两行文本，并在单词"makes"后面换行，但是只有一行文本被传送到服务器，没有嵌入新行字符；如果设置为 wrap="physical"，文本区会包含两行文本，并在单词"makes"后面换行，这时发送给服务器的是两行文本，单词"makes"后的新行字符将分隔这两行文本。

例 2-9 定义了一个多行文本框，主要是了解<textarea>标记的使用方法。例 2-9 在浏览器中的显示结果如图 2-9 所示。

例 2-9 example2-9.htm

```html
<!doctype html>
<html>
  <head>
    <meta charset="utf-8">
    <title>textarea 标记</title>
  </head>
  <body>
    备注：<br/>
    <textarea wrap="physical" name="bz" clos="40" rows="4">
    </textarea>
  </body>
</html>
```

扫一扫，看视频

图 2-9 多行文本框

2.2.3 HTML5 新增标记

1. datalist 标记

用户需要输入一串字符串（例如用户名）时，通常会用<input type="text"/>标记来提示用户进行数据输入，此时用户可以随意地输入内容。假如需要限制用户输入数据的可能性（例如输入国家名称），可以使用<select>元素来限制可选内容。如果在用户自由输入的同时需要给用户一些建议选项，这就需要使用<datalist>元素。

datalist 元素用于定义输入框的选项列表，列表通过 datalist 内的 option 元素创建。如果用户不希望从列表中选择某项，也可以自行输入其他内容。datalist 元素通常与 input 元素联合使用来定义 input 的取值。在使用<datalist>标记时，需要通过 id 属性为其指定一个唯一标识，然后为 input 元素指定 list 属性，将该属性值设置为 option 元素对应的 id 属性值即可。用例 2-10

来说明 datalist 标记的使用方法，在浏览器中的显示结果如图 2-10 所示。

例 2-10   example2-10.htm

```html
<!doctype html>
<html>
  <head>
    <meta charset="utf-8">
    < title>datalist 标记</title >
  </head>
  <body>
    <label>请选择合适的编辑器:</label>
      <input type="text" id="txt_ide" list="ide" />
      <datalist id="ide">
        <option value="Brackets" />
        <option value="Coda" />
        <option value="Dreamweaver" />
        <option value="Espresso" />
        <option value="jEdit" />
        <option value="Komodo Edit" />
        <option value="Notepad++" />
        <option value="Sublime Text 2" />
        <option value="Taco HTML Edit" />
        <option value="Textmate" />
        <option value="Text Pad" />
        <option value="TextWrangler" />
        <option value="Visual Studio" />
        <option value="VIM" />
        <option value="XCode" />
    </datalist>
  </body>
</html>
```

图 2-10   datalist 标记

2. date 输入类型

很多页面和 Web 应用中都有输入日期和时间的需求，例如订飞机票、火车票、酒店等网站。在 HTML5 之前，对于这样的页面需求，最常见的方法是用 JavaScript 日期选择组件实现日期的选择，该组件提供将日期填充到指定的输入框中的功能。

现在 HTML5 里的 input 标记增加了 date 类型给浏览器实现原生日历的方法。在 HTML5 规范里只规定 date 新型 input 的输入类型，并没有规定日历弹出框的实现和样式。所以，各浏览器可根据自己的设计实现日历。

目前只有谷歌浏览器完全实现了日历功能，在不久以后所有的浏览器最终都将会提供原生的日历组件。定义 date 日历的语法格式如下：

```
<input type="date" name="..." value="..." min="..." max="..." step="...">
```

其中 min 属性设置日期或时间的最小值；max 属性设置日期或时间的最大值；step 属性针对不同的类型有不同的默认步长（date 类型的默认步长是 1 天）。

除了 data 类型的 input，还有一系列相关的日期、时间 input 可以进行定义，常用的有 date（日期）、week（周）、month（月）、time（时间）、datetime（日期时间）和 datetime-local（本地日期和时间）。

例 2-11 说明了 date 类型的 input 标记的使用方法，定义了用户从 2000 年 1 月到 2008 年 12 月进行月份的选择，在浏览器中的显示结果如图 2-11 所示。

例 2-11　example2-11.htm

```
<!doctype html>
<html>
  <head>
    <meta charset="utf-8">
    <title>date 类型 input 标记</title>
  </head>
  <body>
     出生年月：
     <input type="month" name="birthMonth" value="2003-09" min="2000-01"
max="2008-12">
  </body>
</html>
```

扫一扫，看视频

图 2-11　选择日期

3. color 输入类型

color 输入类型用于规定颜色，该输入类型允许用户从拾色器中选取颜色。其定义的语法格式如下：

```
<input type="color" value="..." name="..."/>
```

其中 value 值是定义初始的默认颜色。例 2-12 说明了 color 类型 input 元素的使用方法，定义用户使用拾色器进行颜色选择，在浏览器中的显示结果如图 2-12 所示。

例 2-12　example2-12.htm

```
<!doctype html>
<html>
  <head>
    <meta charset="utf-8">
    <title>color 类型 input 标记</title>
  </head>
  <body>
    选择您喜欢的喜色：
    <input type="color" value="#00ff00" name="likeColor">
  </body>
</html>
```

扫一扫，看视频

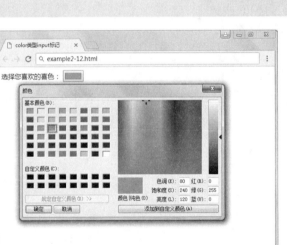

图 2-12　选择颜色

4. button 标记

<button>标记定义一个按钮。<button>标记定义的语法结构如下所示：

```
<button>按钮内容</button>
```

<button>标记与<input type="button">相比，提供了更为强大的功能和更丰富的内容。<button>与</button>标记之间的所有内容都是按钮的内容，其中包括任何可接受的正文内容，例如文本或多媒体内容。例如，可以在按钮中包括一幅图像和相关的文本，这样可以制作一

个非常有特点的按钮。<button>和<input type="button">的具体区别如下。

（1）关闭标记设置。<input>禁用关闭标记</input>，其闭合的写法：<input type="submit" value="OK" />。<button>的起始标记和关闭标记都是必要的，例如<button>OK</button>。

（2）<button>的值并不是写在 value 属性中，而是在起始标记和关闭标记之间，如上面的 OK。同时<button>的值很广泛，可以有文字、图像、移动、水平线、框架、分组框、音频、视频等。

（3）可为 button 标记添加 CSS 样式。例如：

```
<button style="width:150px;height:50px;border:0;">OK</button>
```

其中"width:150px;height:50px;"为按钮的宽度和高度；"border:0;"是删除默认的边框。

（4）鼠标单击事件、弹出信息的代码可直接写在<button>标记中，方法简单。例如：

```
<button onclick="alert('弹出信息的内容');
                window.open('打开网页的地址')">按钮名称</button>
```

其中"alert('弹出信息的内容');"为单击时弹出的信息；"window.open('打开网页的地址')"为打开的网页。

5. details 标记和 summary 标记

<details>标记用于描述文档或文档某个部分的细节。<summary>标记包含在<details>标记中，并且是<details>标记的第一个子标记，包含的内容是<details>标记的标题。初始时，标题对用户是可见的，用户单击标题时，会显示或隐藏 details 标记中的其他内容。如果需要默认状态为展开<details>标记的内容，可以在<details>标记中设置 open 属性，即<details open>。

例 2-13 说明了 details 标记和 summary 标记的使用方法，在浏览器中的显示结果如图 2-13 和图 2-14 所示，图 2-13 是初始状态，图 2-14 是用户单击标题后的展开状态。

例 2-13　example2-13.htm

```
<!doctype html>
<html>
  <head>
    <meta charset="utf-8">
    <title>details and summary</title>
  </head>
  <body>
    <details open>
      <summary>显示在线用户</summary>
      <ul>
        <li>张三</li>
        <li>李四</li>
        <li>王五</li>
        <li>赵六</li>
```

扫一扫，看视频

```
        </ul>
    </details>
  </body>
</html>
```

图 2-13 初始状态

图 2-14 展开状态

6. progress 标记

progress 标记的作用是提示任务进度，这个标记可以用 JavaScript 脚本动态地改变当前的进度值。该标记的语法结构如下所示：

```
<progress value="值" max="值">
```

该标记的两个主要属性说明如下。

➢ max 属性：是一个数值，指明任务一共需要多少工作量。

➢ value 属性：是一个数值，规定已经完成多少工作量。

需要特别强调的是，value 属性和 max 属性的值必须大于 0，且 value 的值需要小于或等于 max 属性的值。

例 2-14 说明了 progress 标记的使用方法，在浏览器中的显示结果如图 2-15 所示。

例 2-14   example2-14.htm

```
<!doctype html>
<html>
  <head>
    <meta charset="utf-8">
    <title>progress</title>
  </head>
  <body>
      下载进度：
      <progress value="22" max="100">
      </progress>
      <p>
          <strong>注意：</strong>
          IE 9 或者更早版本的 IE 浏览器不支持 progress 标签。
      </p>
  </body>
</html>
```

扫一扫，看视频

图 2-15　progress 进度条

例 2-14 中 value 属性的值设为 22，max 属性的值设为 100，因此进度条显示到 20%。

7. meter 标记

在 HTML 中，<meter>标记用来定义度量衡，只用于已知最大值和最小值的度量（如磁盘使用情况、查询结果的相关性等）。<meter>标记不能被当作一个进度条使用，如果涉及进度条，一般使用<progress>标记。<meter>标记是 HTML5 新增的标记，目前 Firefox、Opera、Chrome和 Safari 6 浏览器都已经支持该标记，但 IE 浏览器还不支持。<meter>标记有多个常用属性，如表 2-4 所示。

表 2-4　<meter>标记的常用属性

属 性 名	描　　　　述
value	在元素中的实际数量值。如果设置了最小值和最大值（由 min 属性和 max 属性定义），该值必须在最小值和最大值之间。该属性缺省值为 0
min	指定规定范围时允许使用的最小值，该属性默认值为 0，设置最小值时，值不可小于 0
max	指定规定范围时允许使用的最大值，如果设定该属性值小于 min 属性值，浏览器会把 min设置为最大值。max 属性默认值为 1
low	规定范围的下限值，必须小于或等于 high 属性的值。如果 low 属性值小于 min 属性值，浏览器把 min 属性的值视为 low 属性的值
high	规定范围的上限值，如果该属性值小于 low 属性值，则把 low 属性值视为 high 属性值，如果该属性值大于 max 属性值，则把 max 属性值视为 high 属性值
optimum	设置最佳值，属性值必须在 min 属性值与 max 属性值之间，可以大于 high 属性值

例 2-15 说明了 meter 标记的使用方法，在浏览器中的显示结果如图 2-16 所示。

例 2-15　example2-15.htm

```
<!doctype html>
<html lang="en">
  <head>
    <meta charset="utf-8">
    <title>meter</title>
  </head>
```

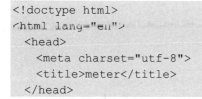

扫一扫，看视频

```
<body>
  <h2>meter 标签的应用</h2>
  <p>空间剩余大小:
    <meter min="0" max="1024" value="600">600/1024</meter>
    600/1024 GB</p>
  <p>您的得分是:
    <meter min="0" max="100" low="60" high="90" optimum="100" value="91">91
  分</meter>91 分</p>
</body>
</html>
```

图 2-16 meter 标记的使用

2.2.4 表单综合实例

例 2-16 是表单制作的综合实例,在本例中使用了多个表单元素,包括文本框、单选按钮、下拉列表、复选框、文本域、提交按钮和复位按钮。在浏览器中的运行效果如图 2-17 所示。

例 2-16 example2-16.htm

```
<!doctype html>
  <html>
    <head>
      <meta charset="utf8">
      <title>表单综合实例</title>
    </head>
    <body>
      <table align="center" width="500" border="0" cellpadding="2"
cellspacing="0">
        <caption align="center"><h2>学生注册信息</h2></caption>
        <form action="server.php" method="post">
        <tr>
          <th>姓名: </th>
          <td><input type="text" name="username" size="20"/></td>
```

扫一扫,看视频

```
      </tr>
      <tr>        <!-- 使用单选按钮域定义性别输入框 -->
        <th>性别: </th>
        <td>
        <input type="radio" name="sex" value="1" checked="checked"/>男
        <input type="radio" name="sex" value="2"/>女
        <input type="radio" name="sex" value="3"/>保密
        </td>
      </tr>
      <tr>   <!-- 使用下拉列表域定义学历输入框  -->
        <th>学历: </th>
        <td>
         <select name="edu">
           <option>--请选择--</option>
           <option value="1">高中</option>
           <option value="2">大专</option>
           <option value="3">本科</option>
           <option value="4">研究生</option>
           <option value="5">其他</option>
         </select>
        </td>
      </tr>
      <tr>   <!-- 使用复选框按钮域定义选修课程输入框 -->
        <th>选修课程: </th>
        <td>
          <input type="checkbox" name="course[]" value="4">Linux
          <input type="checkbox" name="course[]" value="5">Apache
          <input type="checkbox" name="course[]" value="6">Mysql
          <input type="checkbox" name="course[]" value="7">PHP
        </td>
      </tr>
      <tr>   <!-- 使用多行输入框定义自我评价输入框 -->
        <th>自我评价: </th>
        <td><textarea name="eval" rows="4" cols="40"></textarea></td>
      </tr>
      <tr>   <!-- 定义提交和重置两个按钮-->
        <td colspan="2" align="center">
          <input type="submit" name="submit" value="提交">
          <input type="reset" name="reset" value="重置">
        </td>
      </tr>
  </form>
   </table>
  </body>
</html>
```

图 2-17　表单综合实例

2.3　框　　架

2.3.1　概述

框架是一种布局网页的方式，主要运用于一些论坛网站上。现在大多数网站在使用这种布局时都采用 CSS+DIV 方式实现。

框架的作用是把浏览器窗口划分成若干个小窗口，每个小窗口可以分别显示不同的网页。这样在一个页面中可以同时呈现出不同的网页内容，不同窗口的内容相互独立。框架的主要用途是导航，通常会在一个窗口中显示导航条，另外一个窗口则作为内容窗口，用于显示导航栏目的目标页面的内容，窗口的内容会根据导航栏目的不同而动态变化。

框架页面中不涉及页面的具体内容，所以在该页面中不需要使用\<body>标记。框架的基本结构主要分为框架集和框架两个部分，在网页中分别用\<frameset>和\<frame>标记定义。其基本语法的定义方法如下：

```
<frameset>
  <noframes>
        不支持框架结构显示页面！
  </noframes>
  <frame src="URL">
  </frame>
  ......
</frameset>
```

其中\<noframes>...\</noframes>中的内容显示在不支持框架的浏览器窗口中，一般用来指向一个普通版本的 HTML 文件，以便于不支持框架结构浏览器的用户阅读。另外，一个框架集（frameset）中可以包含多个框架（frame），每个框架窗口显示的页面由框架的 src 属性指定。

<frameset>标记有两个对窗口页面进行分割的属性：rows 和 cols，这两个属性可以将浏览器页面分为 N 行 M 列，也可以各自独立使用。这两个属性对浏览器窗口的分割方法主要有以下几种类型：左右（水平）分割、上下（垂直）分割、嵌套分割（浏览器窗口既存在左右分割，又存在上下分割）。

2.3.2　左右分割窗口

左右分割也叫水平分割，表示在水平方向将浏览器窗口分割成多个窗口，这种方式的分割需要使用<frameset>标记的 cols 属性。其语法的定义格式如下：

```
<frameset cols="value1,value2,...">
  <frame src="URL"></frame>
  <frame src="URL"></frame>
  ……
</frameset>
```

需要特别强调的是，cols 属性值的个数决定了< frame>标记的个数，即分割的窗口个数。各个值之间使用逗号隔开，各个值定义了相应框架窗口的宽度，可以是数字（单位是像素），也可以是百分比和以 "*" 号表示的剩余值。剩余值表示所有窗口设定之后浏览器窗口大小的剩余部分，当 "*" 出现一次时，表示对应框架窗口的大小将根据浏览器窗口的大小自动调整，当 "*" 出现一次以上时，剩余值将等比例地分给每个对应的窗口。例如，< frameset cols="200, 100,*">表示第一个和第二个窗口的大小分别为 200 像素和 100 像素，第三个窗口的大小等于浏览器窗口的宽度值减去 300 像素后的值；而< frameset cols="200,*,*">表示第一个窗口的大小是 200 像素，第二个和第三个窗口的大小相等，值是浏览器窗口减去 200 像素后大小的一半。

例 2-17 是使用框架结构对浏览器窗口进行左右分割，在浏览器中的显示结果如图 2-18 所示。

例 2-17　example2-17.htm

```
<!doctype html>
  <html>
    <head>
      <meta charset="utf-8">
      <title>左右分割窗口</title>
    </head>
    <frameset cols="200,*">
      <frame src="http://www.sina.com.cn" />
      <frame src="http://www.baidu.com" />
    </frameset>
  </html>
```

扫一扫，看视频

上述代码使用 cols 属性将窗口分割成左右两个，其中一个窗口的大小是 200 像素，另一个窗口的大小是浏览器窗口减去 200 像素后的剩余值。

图 2-18　左右分割页面

2.3.3　上下分割窗口

上下分割也叫垂直分割，表示在垂直方向将浏览器窗口分割成多个，这种方式的分割需要使用<frameset>标记的 rows 属性。其语法的定义格式如下：

```
<frameset rows="value1,value2,...">
  <frame src="URL"></frame>
  <frame src="URL"></frame>
  ......
</frameset>
```

需要特别强调的是，rows 属性值的个数决定了<frame>标记的个数，即分割的窗口个数。rows 属性定义了窗口的高度，与 cols 属性的取值完全相同。

例 2-18 使用框架结构对浏览器窗口进行上下分割，在浏览器中的显示结果如图 2-19 所示。

例 2-18　example2-18.htm

```
<!doctype html>
  <html>
    <head>
      <meta charset="utf-8">
      <title>上下分割窗口</title>
    </head>
    <frameset rows="200,*">
      <frame src="http://www.sina.com.cn" />
      <frame src="http://www.baidu.com" />
    </frameset>
  </html>
```

扫一扫，看视频

上述代码使用 rows 属性将窗口分割成上下两个，其中上面窗口的大小是 200 像素，下面窗口的大小是浏览器窗口减去 200 像素后的剩余值。

图 2-19　上下分割页面

2.3.4　嵌套分割窗口

浏览器窗口可以先进行左右分割，再进行上下分割，或者相反操作，这种窗口分割方式称为嵌套分割。嵌套分割需要在<frameset>标记对内再嵌套<frameset>标记，并且子标记<frameset>将会把父标记<frameset>分割的对应窗口再按指定的分割方式进行第二次分割。其语法的定义格式如下：

```
<frameset rows="value1,value2,...">
 <frame src="URL"></frame>
 <frameset cols="value1,value2,...">
</frameset>
......
</frameset>
```

例 2-19 是使用嵌套框架结构对浏览器窗口进行分割，在浏览器中的显示结果如图 2-20 所示。

例 2-19　example2-19.htm

```
<!doctype html>
 <html>
  <head>
   <meta charset="utf-8">
   <title>嵌套分割窗口</title>
  </head>
  <frameset rows="100,*">
   <frame src="http://www.sina.com.cn" />
   <frameset cols="200,*">
    <frame src="http://www.sohu.com" />
    <frame src="http://www.baidu.com" />
   </frameset>
  </frameset>
 </html>
```

扫一扫，看视频

上述代码首先使用 rows 属性将窗口分割成上下两个，然后通过嵌套<frameset>标记将第二个窗口分割成左右两个。

图 2-20　嵌套分割

2.3.5　内联框架

<iframe>标记规定一个内联框架，内联框架用来在当前 HTML 文档中嵌入另一个文档。<iframe>标记不是应用在<frameset>内，其可以出现在文档中的任何地方。<iframe>标记在文档中定义了一个矩形区域，在这个区域中浏览器会显示一个单独的文档，包括滚动条和边框。该标记的语法格式如下所示：

```
<iframe 属性="属性值"></iframe>
```

iframe 标记的常用属性如下所示。

（1）frameborder：是否显示边框，1 代表是，0 代表否。

（2）height：框架作为一个普通标记的高度，建议使用 CSS 设置。

（3）width：框架作为一个普通标记的宽度，建议使用 CSS 设置。

（4）name：框架的名称，window.frames[name]是专用的属性。

（5）scrolling：框架是否滚动，其值包括 yes（是）、no（否）、auto（自动）。

（6）src：内联框架访问的地址，可以是页面地址，也可以是图片地址。

例 2-20 是使用 iframe 的实例，设计值用宽度 300 像素，高度 200 像素，访问的页面是 http://www.sina.com.cn，边框是 1 像素，在浏览器中的显示结果如图 2-21 所示。

例 2-20　example2-20.htm

```
<!doctype html>
  <html>
    <head>
      <meta charset="utf-8">
      <title>iframe </title>
```

扫一扫，看视频

```
    </head>
    <body>
        下面的 iframe 内嵌入其它网页内容
        <iframe src="http://www.sina.com.cn"
                    frameborder="1" height="200" width="300">
            <p>您的浏览器不支持  iframe 标签。</p>
        </iframe>
    </body>
</html>
```

图 2-21　iframe 标记的用法

　　iframe 的主要优点是：在网页重新加载页面时不需要重新加载整个页面，只需要重新加载页面中的一个框架页，这样可以减少数据的传输，减少网页的加载时间；另外 iframe 技术简单，使用方便，主要应用于不需要搜索引擎来搜索的页面；方便开发，减少代码的重复率。

　　但 iframe 也有一些缺点，主要表现在会产生很多页面，不易于管理；在打印网页时会有些麻烦，另外多框架的页面会增加服务器的 http 请求等。

本章小结

　　本章主要讲解 HTML 语言中的表格、表单和框架结构。其中表格是组织结构化数据的常用手段，也可以用表格进行页面布局；表单是收集用户输入数据的容器，对于不同的数据，表单可以使用不同的控件来呈现，主要包括文本框、密码框、单选按钮、复选框、下拉列表、提交按钮、重置按钮以及普通按钮等，同时还有一些 HTML5 最新推出的表单控件；框架可以实现整个网页中内容的划分，不同的区域引用不同的源文件，区域之间可以相互独立、互不影响，可以方便地实现页面的局部刷新。

　　通过对本章的学习，读者能够加深对各 HTML 标记的理解，为后面章节的学习打下扎实的基础。

习 题 二

一、填空题

1. 使用框架结构可以使 Web 页的信息量_____。

2. HTML 提供的_____是用来将用户数据从浏览器传递给 Web 服务器的。

3. 表示表单的 HTML 标记是_____。

4. 在网页中表示按钮的 HTML 语句是_____。

5. 一个表格有一个_____标记，用来表明表格的标题，并且一般位于表的上方；表格中由行和列分割成的单元叫做_____。

二、程序设计

1. 阅读以下程序，写出程序在浏览器中的运行结果。

```
<!doctype html>
  <html>
    <head>
      <meta charset="utf-8">
      <title>表格习题</title>
    </head>
    <body>
      <table border="6">
        <caption>表格测试</caption>
        <tr>
          <th>a</th>
          <th>b</th>
          <th>c</th>
        </tr>
        <tr>
          <td>100</td>
          <td>200</td>
          <td>300</td>
        </tr>
        <tr>
          <td>400</td>
          <td>500</td>
          <td>600</td>
        </tr>
      </table>
    </body>
  </html>
```

2. 阅读以下程序，写出程序在浏览器中的运行结果。

```html
<!doctype html>
<html>
  <head>
    <title>用户登录</title>
    <meta http-equiv="keywords" content="keyword1,keyword2,keyword3">
    <meta http-equiv="description" content="this is my page">
    <meta http-equiv="content-type" content="text/html; charset=UTF-8">
  </head>
  <body>
    <form name="user" action="#" method="get">
    <table  align="center">
        <tr>
            <td>用户名：</td>
            <td>
                <input type="text" name="username" />
            </td>
        </tr>
        <tr>
            <td>密   码：</td>
            <td>
                <input type="password"/>
            </td>
        </tr>
        <tr>
            <td>性   别：</td>
            <td>
              <input type="radio" name="name" checked="checked"/>男
              <input type="radio" name="name"/>女
            </td>
        </tr>
        <tr>
            <td></td>
            <td>
                <input type="submit" name="tijiao" value="注册"/>
                <input type="reset" name="quxiao" value="取消"/>
            </td>
        </tr>
    </table>
    </form>
  </body>
</html>
```

3. 阅读以下程序，写出程序在浏览器中的运行结果。

```html
<!doctype html>
```

```
<html>
  <frameset rows="50%,50%">
    <frame src="http://www.qq.com">
    <frameset cols="25%,75%">
      <frame src="http://www.sina.com.cn">
      <frame src="http://www.biadu.com">
    </frameset>
  </frameset>
</html>
```

实验二 HTML 语言基础

一、实验目的及要求

1. 了解 HTML 语言中表格的制作方法。
2. 掌握表格中嵌入文本、图片、超链接等标记的使用方法。
3. 能够运用文本编辑器制作简单网页。

二、实验要求

1. 在学生工作目录中建立子目录 image，存放几张电子版照片，并通过 Photoshop 或者 Windows 附件中的"绘图"工具将图片尺寸编辑为 150（宽）*200（高），单位为像素，并按 01.jpg、02.jpg 的规则命名。

2. 通过"记事本"程序编写如实验图 2-1 所示的网页代码。

实验图 2-1　表格的综合运用实验

第 3 章

CSS 基础

本章知识目标：

本章主要讲解 CSS 的基础知识，包括 CSS 定义的方式。通过对本章的学习，读者应该掌握以下主要内容：

- ❑ CSS 发展历史；
- ❑ 掌握 CSS 基础选择器；
- ❑ 熟悉 CSS 文本样式属性，能够运用相应的属性定义文本样式；
- ❑ 理解 CSS 优先级别。

扫一扫，看 PPT

3.1 CSS 基础知识

3.1.1 CSS 概述

CSS（Cascading Style Sheet，层叠样式表）是一种格式化网页的标准方式，用于控制网页样式，并允许 CSS 样式信息与网页内容（由 HTML 语言定义）分离的一种技术。

在 CSS 还没有被引入页面设计之前，传统的 HTML 语言要实现页面的美工设计非常麻烦。例如要在网页中定义红色 5 号字体的文字，使用<font>标记实现的语句如下：

```
<font size="5" color="red"> Hello CSS World!</font>
```

这样实现似乎没有什么问题，但如果页面中需要设置这种格式的文字很多，就需要在每个地方都重复这段属性设置代码。如果需要将这个格式进行修改，例如将红色字体改为蓝色字体，就需要把每个属性代码找出来并进行相应的修改，这需要浪费大量的时间和精力，而且可能存在遗漏。

为了解决设计样式和风格的问题，1997 年，W3C 在颁布 HTML4 标准的同时发布了样式表的第一个标准 CSS1.0。2010 年 W3C 开始对 CSS3 进行研发，现在大部分浏览器都已支持 CSS3。

1. CSS 的优势

使用传统的 HTML 进行网页设计时存在大量缺陷，如果在 HTML 页面中引入 CSS 技术，情况将得到明显的改善，这种改善从以下几个方面进行体现。

（1）格式和结构分离。格式和结构分离有利于格式的重用及网页的修改与维护。

（2）精确控制页面布局。能够对网页的布局、字体、颜色、背景等图文效果实现更加精确的控制。

（3）可实现多个网页同时更新。利用 CSS 样式表，可以将站点上的多个网页都指向同一个 CSS 文件，从而更新这个 CSS 文件时实现多个网页样式的同时更新。

2. 应用 CSS 的步骤

CSS 文件与 HTML 文件一样，都是纯文本文件，因此一般的文字处理软件都可以对 CSS 文件进行编辑。使用 CSS 格式化网页，需要将 CSS 应用到 HTML 文档中，所以 CSS 的应用主要有两个步骤：

（1）定义 CSS 样式表。

（2）将定义好的 CSS 样式在 HTML 文档中应用。

目前使用的浏览器种类非常多，绝大多数浏览器对 CSS 都有很好的支持，一般不用担心设计的 CSS 文件不被浏览器支持。但需要注意，不同的浏览器对 CSS 的支持在细节上可能会有差异，不同浏览器显示的 CSS 效果可能会不同，所以使用 CSS 设置网页样式时，一般需要在几个主流浏览器上进行显示效果测试。

3.1.2　CSS 定义的基本语法

CSS 的定义是由三部分组成的，包括选择符（selector）、属性（properties）、属性值（value），其定义的语法格式如下所示：

```
选择器{
    属性1：属性值1;
    属性2：属性值2;
    ……
}
```

需要说明的是，选择器通常是指以什么方式选中需要改变样式的 HTML 元素；属性是希望设置的样式属性，每个属性有一个值，属性和值用冒号隔开。如果要定义不止一个"属性：属性值"的声明时，需要用分号将每个声明分开，最后一条声明规则不需要加分号，但大多数有经验的程序员会在每条声明的末尾都加上分号，这样做的好处是当从现有的规则中增减声明时，会减少出错的可能。另外，应该尽可能在每一行只描述一个属性和属性值的声明，这样可以增强 CSS 样式定义的可读性。

下面这段代码的作用是将网页中所有<h1>标记内的文字颜色定义为红色，同时将字体大小设置为 14 像素。

```
h1{                          /* 标记选择器 h1 选中网页的所有<h1>标记*/
    color:red;               /* 设置文字的颜色属性为红色 */
    font-size:14px;          /* 设置文字的大小属性为 14 像素*/
}
```

这里 h1 是选择器，用于选择网页中的所有<h1>标记，color 和 font-size 是属性，red 和 14px 是属性值。需要说明的是在 CSS 中"/*　　*/"是注释语句。

如果属性值由若干个单词组成时，需要给属性值加引号。例如将<h1>元素内的字体设置为"New Century Schoolbook"，代码如下：

```
h1{
    font-family:'New Century Schoolbook';
        /*设置文字的字体属性为'New Century Schoolbook'，注意引号的使用*/
}
```

在 CSS 样式定义中是否包含空格不会影响 CSS 在浏览器中的工作效果，并且在定义选择器、属性和属性值时，CSS 对大小写是不敏感的。不过存在一个例外：如果涉及与 HTML 文档一起工作，class 类选择器和 id 选择器对名称的大小写是敏感的。

大多数属性仅有一个属性值进行定义，但也有些属性使用若干个属性值进行定义，每个属性值之间用逗号隔开，例如 font-family 属性可以定义多个字体属性，如果浏览器不支持第一个字体，则会尝试第二个，依此类推；如果属性值都不支持时，则采用默认属性值。例如：

```
h1{
    font-family: Times, 'New Century Schoolbook', Georgia;
}
```

3.1.3　CSS 的使用方法

在 HTML 页面中使用 CSS 主要有四种方法，即内嵌样式、内部样式、使用<link>标记链接外部样式表、使用 CSS 的@import 标记导入外部样式文件。

1. 内嵌样式

内嵌样式指将 CSS 规则混合在 HTML 标记中使用的方式。CSS 规则作为 HTML 标记 style 属性的属性值。例如：

```
<a style="font-family:黑体; font-size:16px; color:red">
    这是使用样式的超链接
</a>
```

内嵌样式只对其所在的标记起作用，其他的同类标记不受影响。由于将表现和内容混杂在一起，内联样式会损失样式表的许多优势，所以不建议使用这种方法。

例 3-1 中定义了两个超链接，第一个超链接定义了内嵌样式，文字为红色，字体大小为 28 像素，第二个超链接使用默认样式，在浏览器中的显示结果如图 3-1 所示。

例 3-1　example3-1.html

```
<!doctype html>
<html>
  <head>
    <meta charset="utf-8">
    <title>样式使用</title>
  </head>
  <body>
    <a href="http://www.baidu.com" style="color:red; font-size:28px;">
    百度
    </a> <br/>
    <a href="http://www.baidu.com">百度</a>
  </body>
</html>
```

扫一扫，看视频

图 3-1　CSS 样式的使用

2. 内部样式

内嵌样式只能定义某一个标记的样式，如果需要对整个网页文档的某个标记进行特定样式定义时，就需要使用内部样式。内部样式一般是在<head>标记中并使用<style>标记进行定义，其定义的语法格式如下所示：

```
<style type="text/css">
    选择器{
        属性:属性值;
        ……
        属性:属性值;
    }
</style>
```

例 3-2 的程序代码是使用内部样式来实现与例 3-1 同样的功能，其在浏览器中显示的结果如图 3-1 所示。

例 3-2　example3-2.html

```
<!doctype html>
<html>
  <head>
    <meta charset="utf-8">
    <title>样式使用</title>
    <style>
      #myCSS{
            color:red;
            font-size:28px;
        }
    </style>
  </head>
  <body>
    <a href="http://www.baidu.com" id="myCSS">
        百度
    </a><br/>
    <a href="http://www.baidu.com">百度</a>
  </body>
</html>
```

扫一扫，看视频

3. 外部样式

外部样式是将样式表以单独的文件（文件后缀一般为.css）存放，让网站的所有网页通过<link>标记均可引用此样式文件，以降低网站的维护成本，并可以让网站拥有统一的风格。需要说明的是，<link>标记一般放到页面的<head>区域内。使用<link>标记引入外部样式文件的语法格式如下所示：

```
<link rel="stylesheet" type="text/css" href="样式表源文件地址">
```

其中 href 属性中的外部样式文件地址的填写方法和超链接的链接地址的写法一样；rel="stylesheet"是告诉浏览器链接的是一个样式表文件，是固定格式；type="text/css"表示传输的文本类型为样式表类型文件，也是固定格式。

一个外部样式文件可以应用于整个网站的多个页面。当改变这个样式表文件时，所有引用该样式文件的页面样式都会随之改变。样式表文件可以用任何文本编辑器（例如，记事本）打开并编辑，其内容就是定义的样式，不包含 HTML 标记。由此可以看出内嵌样式、内部样式、外部样式之间的本质区别，其区别如下：

（1）外部样式用于定义整个网站样式。

（2）内部样式用于定义整个网页样式。

（3）内嵌样式用于定义某个标记样式。

例 3-3 的程序代码是使用外部样式完成图 3-1 所示的页面，外部样式表文件名是 CSS3-3.css，引用该样式文件的 HTML 代码文件是 example3-3.html。

例 3-3　example3-3.html

```
<!doctype html>
<html>
  <head>
    <meta charset="utf-8">
    <title>样式使用</title>
    <link href="css3-3.css" type="text/css" rel="stylesheet">
  </head>
  <body>
    <a href="http://www.baidu.com" id="myCSS">
        百度
    </a><br/>
  <a href="http://www.baidu.com">百度</a>
  </body>
</html>
```

扫一扫，看视频

例 3-3　外部样式文件 css3-3.css

```
#myCSS{
    color:red;
    font-size:28px;
}
```

需要特别强调的是，在一个 HTML 文件中可以引入多个外部样式表，当这些外部样式表都对某一个标记进行了样式定义时，起作用的将是最后引用的外部样式文件中对于该标记的定义。

4. 使用@import 引入外部样式文件

与<link>标记类似，使用@import 也能引用外部样式文件，不过@import 只能放在<style>标记内使用，而且必须放在其他 CSS 样式之前。@import 引入外部样式文件的语法格式如下：

```
@import  url(样式表源文件地址)
```

其中 url 为关键字，不能随便更改；样式表源文件地址指外部样式的 URL，可以是绝对 URL，也可以是相对 URL。@import 除了语法和所在位置与<link>标记不同，其他的使用方法与效果都是一样的。

例 3-4 的程序代码是使用@import 引入外部样式文件完成图 3-1 所示的页面，外部样式表的文件名是 CSS3-3.css，引用该样式文件的 HTML 代码文件是 example3-4.html。

例 3-4　example3-4.html

```html
<!doctype html>
<html>
  <head>
    <meta charset="utf-8">
    <title>样式使用</title>
    <style>
      @import url("css3-3.css");
    </style>
  </head>
<body>
  <a href="http://www.baidu.com" id="myCSS">
      百度
  </a><br/>
  <a href="http://www.baidu.com">百度</a>
</body>
</html>
```

扫一扫，看视频

5. 层叠样式优先级

内嵌样式是对某一个 HTML 标记进行样式定义，定义位置在某个 HTML 标记中；内部样式是对某一个网页进行样式定义，适用于整个 HTML 网页文档，定义位置一般都在 HTML 文件的<head>标记中，通过<style>标记进行定义，其定义位置也可以在网页中的其他位置；外部样式是对某一个网站的多个网页样式进行定义，适用于整个网站的 HTML 网页文档，一般先建立一个后缀为.css 的样式定义文件，再在 HTML 网页文件中通过<link>标记或者@import 进行外部样式文件的引用，这种方式对网站的样式管理非常方便。

外部样式如果被多个 HTML 网页引用，浏览器只需加载一次，而且如果需要修改某个样式在不同 HTML 网页中的定义，仅需修改外部样式文件即可；如果以内部样式的方式写入多个页面中，每打开一个页面时浏览器就要加载一次，占用的流量多，进行修改时需要一个一个页面地打开并修改，其工作量大，比较烦琐，容易出错。

CSS 层叠样式表中的层叠指样式的优先级，当内嵌样式、内部样式、外部样式都对某个 HTML 标记进行了样式定义，即当样式定义发生冲突时，以优先级高的为最终显示效果。其实层叠就是浏览器对多个样式来源进行叠加，最终确定显示结果的过程。

浏览器会按照不同的方式来确定样式的优先级，其原则如下。

（1）按照样式来源不同，其优先级如下：内嵌样式>内部样式>外部样式>浏览器默认样式。

（2）按照选择器不同，其优先级如下：id 选择器>class 类选择器>元素选择器。

（3）当样式定义的优先级相同时，取后面定义的样式为最终显示效果的样式。

例 3-5 中引入了外部样式文件 css3-5.css，在该样式文件中对 h2 标记定义文字颜色为红色，文字大小为 16 像素；在网页中使用内部样式同样也定义了 h2 标记，其定义的文字颜色为绿色，在一个 h2 标记使用内嵌样式定义 h2 标记，其定义的文字颜色为粉色，文字大小为 20 像素，在浏览器中的显示结果如图 3-2 所示。

例 3-5　example3-5.html

```html
<!doctype html>
<html>
  <head>
    <meta charset="utf-8">
    <title>样式优先级</title>
    <link href="css3-5.css" rel="stylesheet" type="text/css">
    <style>
      h2{color:green;}
    </style>
  </head>
  <body>
    <h2>内部样式定义的颜色和外部定义字体大小起作用</h2>
    <h2 style="color:pink; font-size:20px;">
      内嵌样式起作用，文字粉色，文字大小 20 像素
    </h2>
  </body>
</html>
```

例 3-5　样式文件 css3-5.css

```css
h2{
    color:red;
    font-size:16px;
}
```

图 3-2　样式优先级

6. 注释

注释用来说明所写代码的含义，对读者读懂这些代码很有帮助。CSS 用 C/C++的语法进行注释，其中"/*"放在注释的开始处，"*/"放在结束处。例如下面的 CSS 语句：

```
<STYLE TYPE="text/css">
h1 { font-size: x-large; color: red }    /*这是一个CSS的注释*/
h2 { font-size: large; color: blue }
</STYLE>
```

当把一个网页样式提交给用户使用之后，经过很长时间，用户又需要重新修改网页样式时，可能程序员已经忘记了代码的准确含义，这些注释可以帮助程序员记起这些样式定义的含义。养成注释的习惯是一个程序员必须具备的基本素质，特别是对团队工作程序员来说更加重要。

3.2　CSS 选择器

CSS 最大的作用就是能将一种样式加载在多个标记上，方便开发者管理与使用。CSS 通过选择器选中网页文档的某些标记，并对这些标记进行相应的样式设置，以达到设计者对网页外观的显示要求。本节将详细讲述 CSS 中如何进行标记的选择。

3.2.1　元素选择器

元素选择器是最常见的 CSS 选择器，又称为类型选择器（type selector）。如果使用元素选择器，选中的是本网页文档中所有的相对应元素，例如元素选择器使用 p 元素，则选中本网页中所有<p></p>所包含的文字内容，再对文字内容设置相应的样式，就可以改变显示效果。设置元素选择器的基本语法格式如下：

```
HTML 元素名{
    样式属性：属性值；
    样式属性：属性值；
    ……
}
```

例如：

```
h2{
    color:red;
    font-size:16px;
}
```

例 3-6 中使用元素选择器 h2 和 span，并对其进行相关样式的属性设置，在浏览器中的显示结果如图 3-3 所示。

例 3-6　example3-6.html

```
<!doctype html>
<html>
  <head>
    <meta charset="utf-8">
    <title>元素选择器</title>
    <style>
      h2{
          color:red;
        }
      span{
          color:blue;
          font-size:48px;
        }
    </style>
  </head>
  <body>
    <h2>hello</h2>
    <h2>hello</h2>
    <span>world</span>
  </body>
</html>
```

图 3-3　元素选择器

3.2.2　类选择器

使用 HTML 元素选择器可以设置网页中所有相同标记的统一格式，但如果需要对相同标记中某些个别标记做特殊效果设置时，使用 HTML 元素标记就无法实现，此时需要引入其他的选择器来完成。

类（class）选择器允许以一种独立于文档元素的方式来指定样式。该选择器可以单独使用，也可以与其他元素结合使用。类选择器样式定义的语法格式如下所示：

```
.类选择器名称{
    样式属性：属性值；
```

```
    样式属性: 属性值;
    ......
}
```

需要强调说明：类选择器的定义是以英文圆点开头。类选择器的名称可以任意（但是不能用中文），该名称最好以驼峰方式命名，即名称由多个单词组成时，第一个单词的所有字母小写，从第二个单词开始往后的每个单词的首字母大写，其他字母小写。例如：

```
.myBoxColor{
    color:red;
}
.myBoxBackground{
    background:grey;
}
```

类选择器的使用语法格式如下：

```
<标记名称 class="类选择器名称1　类选择器名称2 ...">
```

例如：

```
<div class="myBoxColor myBoxBackground"> </div>
```

上例中定义了两个类选择器 myBoxColor 和 myBoxBackground，然后在 HTML 的 div 标记中使用这两个类选择器，在使用两个以上的类选择器时，其名称之间要用空格分隔，最终这两个选择器定义的样式会叠加，并在 div 标记中呈现。如果在两个类选择器中都对同一个样式属性进行了样式定义，则最后定义的样式起作用。

在程序代码 example3-7.htm 中，使用两个类选择器 youClass 和 myClass，并对其进行相关样式属性的设置，请仔细体会样式定义呈现的效果，在浏览器中显示结果如图 3-4 所示。

例 3-7　example3-7.htm

```
<!doctype html>
<html>
  <head>
    <meta charset="utf-8">
    <title>类选择器</title>
    <style>
      .youClass{
        color:red;                      /*颜色为红色*/
      }
      .myClass{
        font-size:16px;                 /*字体大小为16像素*/
        text-decoration:underline;      /*文字加下划线*/
      }
    </style>
  </head>
  <body>
```

扫一扫，看视频

```
   <h2 class="youClass">hello</h2>
   <span class="myClass youClass">world</span>
  </body>
</html>
```

图 3-4 类选择器

3.2.3 ID 选择器

在某些方面 ID 选择器类似于类选择器，但也有一些差别，主要表现有：

（1）在语法定义上 ID 选择器前面使用"#"号，而不是类选择器的点。

（2）ID 选择器在引用时不是通过 class 属性，而是使用 id 属性。

（3）在一个 HTML 文档中，ID 选择器仅允许使用一次，而类选择器可以使用多次。

（4）ID 选择器不能结合使用，因为 ID 属性不允许有以空格分隔的词列表。

需要特别强调的是，类选择器和 ID 选择器在定义和使用时都是区分大小写的。下面是定义 ID 选择器的语法格式：

```
.ID选择器名称{
    样式属性：属性值；
    样式属性：属性值；
    ……
}
```

ID 选择器的使用语法格式如下所示：

```
<标记名称 id="ID选择器名称">
```

在程序代码 example3-8.html 中，使用两个 ID 选择器 youID 和 myID，并对其进行相关样式属性的设置，请仔细体会样式定义呈现的效果，显示结果如图 3-4 所示。

例 3-8 example3-8.html

```
<!doctype html>
<html>
  <head>
    <meta charset="utf-8">
    <title>id选择器</title>
```

扫一扫，看视频

```
  <style>
    #youID{
        color:red;
    }
    #myID{
        color:red;
        font-size:16px;
        text-decoration:underline;
    }
  </style>
 </head>
 <body>
  <h2 id="youID">hello</h2>
  <span id="myID">world</span>
 </body>
</html>
```

3.2.4　包含选择器

包含选择器又称后代选择器，该选择器可以选择作为某元素后代的元素。当 HTML 标记发生嵌套时，内层标记就成为外层标记的后代。例如：

```
<h2>
    <p>
        Hello
        <span>World!</span>
    </p>
</h2>
```

上例中<p>和<span>标记被<h2>标记包含，所以<p>和<span>标记是<h2>标记的后代，且<p>标记是<h2>标记的儿子标记，反过来<h2>标记是<p>标记的父标记；<span>标记是<p>标记的儿子标记，反过来<p>标记是<span>标记的父标记。定义后代选择器的语法格式如下：

```
祖先选择器 后代选择器{
    样式属性：属性值；
    样式属性：属性值；
    ……
}
```

祖先选择器和后代选择器之间必须用空格进行分隔。另外，祖先选择器可以包括一个或多个用空格分隔的选择器。选择器之间的空格是一种结合符。每个空格结合符可以解释为"……在……找到""……作为……的一部分""……作为……的后代"，但是要求必须从左向右读选择器。例如：

h2 p span{ color:red; font-size:28px; }

"h2 p span"选择器选中的元素可以读作"选中 h2 元素后代中 p 元素后代中的所有 span

元素"。

例 3-9 中使用包含选择器对相应元素进行样式属性设置,请仔细体会样式定义呈现的效果,在浏览器中的显示结果如图 3-5 所示。

例 3-9 example3-9.html

```html
<!doctype html>
  <html>
  <head>
    <meta charset="utf-8">
    <title>包含选择器</title>
    <style>
      h2 span{
        color:red;
        font-size:48px;
      }
    </style>
  </head>
  <body>
    <h2>hello <span>world!</span></h2>
    <span>world</span>
  </body>
</html>
```

扫一扫,看视频

图 3-5 包含选择器

3.2.5 组合选择器

组合选择器也称为并集选择器,是各个选择器通过逗号连接而成的,任何形式的选择器(包括标记选择器、类选择器及 id 选择器等)都可以作为组合选择器的一部分。如果某些选择器定义的样式完全相同或部分相同,就可以利用并集选择器为其定义相同的 CSS 样式。定义组合选择器的语法格式如下:

```
选择器 1, 选择器 2, ..., 选择器 n{
    样式属性: 属性值;
    样式属性: 属性值;
    ......
}
```

例 3-10 中使用组合选择器对 h2 和 span 标记进行相同样式属性的设置，请仔细体会样式定义呈现的效果，在浏览器中的显示结果如图 3-6 所示。

例 3-10　example3-10.html

```
<!doctype html>
<html>
 <head>
   <meta charset="utf-8">
   <title>组合选择器</title>
   <style>
     h2,span{
        color:red;
        font-size:48px;
     }
   </style>
   </head>
<body>
   <h2>hello </h2>
   <h3> hello world!</h3>
   <span >world</span>
</body>
</html>
```

图 3-6　组合选择器

3.2.6　父子选择器

如果不希望选择所有的后代，而是希望缩小范围，只选择某个元素的子元素，就需要使用父子选择器。父子选择器使用大于号作为选择器的分隔符，其语法格式如下所示：

```
父选择器 > 子选择器 {
    样式属性：属性值；
    样式属性：属性值；
    ......
}
```

其中父选择器包含子选择器，并且样式只能作用在子选择器上，而不能作用到父选择器上。

例 3-11 中使用父子选择器对 h2 的子元素 span 标记进行样式属性的定义，同时使用包含选择器对 h2 的后代 span 标记进行样式属性的定义，请仔细体会父子选择器和包含选择器的区别，在浏览器中的显示结果如图 3-7 所示。

例 3-11　example3-11.html

```
<!doctype html>
<html>
  <head>
    <meta charset="utf-8">
    <title>父子选择器</title>
    <style>
      h2 span {color:blue}
      h2>span{color:red; font-size:48px;}
    </style>
  </head>
  <body>
    <h2 >hello <span>world!</span></h2>
    <h2>hello <p> <span>world</span> </p> </h2>
  </body>
</html>
```

图 3-7　父子选择器

3.2.7　相邻选择器

如果需要选择紧接在某一个元素后的元素，并且二者有相同的父元素，可以使用相邻兄弟选择器。相邻选择器使用加号作为选择器的分隔符，其语法格式如下：

```
选择器 1 + 选择器 2 {
    样式属性：属性值；
    样式属性：属性值；
    ……
}
```

其中选择器 2 是紧跟在选择器 1 之后的兄弟标记，并且样式只能作用在选择器 2 上，而不能作用到选择器 1 上。

例 3-12 中使用元素选择器 h2 对兄弟 span 标记进行样式属性的定义，请仔细体会相邻选择器的内在含义，在浏览器中的显示结果如图 3-8 所示。

例 3-12　example3-12.html

```html
<!doctype html>
<html>
  <head>
    <meta charset="utf-8">
    <title>相邻选择器</title>
    <style>
      h2+span{
        color:red;
        font-size:48px;
      }
    </style>
  </head>
  <body>
  <h2>hello <span>world!</span></h2>
  <span>world</span>
  <span>hello world too!</span>
  </body>
</html>
```

扫一扫，看视频

图 3-8　相邻选择器

3.2.8　属性选择器

属性选择器是 CSS3 选择器，其主要作用是对带有指定属性的 HTML 元素进行样式设置。使用 CSS 属性选择器，可以只选中含有某个属性的 HTML 元素，或者同时含有某个属性和其对应属性值的 HTML 元素，并对其进行相关样式的设置。定义属性选择器的语法格式如下：

```
标记名称[属性选择符] {
    样式属性：属性值；
    样式属性：属性值；
    ......
}
```

其中属性选择符可以是表 3-1 中的一种。例如定义具有 href 属性的超链接元素，让其文字显示为红色，其样式定义的语法格式如下所示：

```
a[href] {
    color:red;
}
```

又例如定义选中含有 class 属性且属性值为"important"的 p 标记，其样式定义的语法如下所示：

```
p[class="important"] {
    color:red;
}
```

表 3-1　属性选择器

选 择 器	说　明
[attribute]	用于选取带有指定属性的元素
[attribute=value]	用于选取带有指定属性和属性值的元素
[attribute~=value]	用于选取属性值中包含指定词汇的元素
[attribute|=value]	用于选取带有以指定值开头的属性值的元素，该值必须是整个单词
[attribute^=value]	匹配属性值以指定值开头的每个元素
[attribute$=value]	匹配属性值以指定值结尾的每个元素
[attribute*=value]	匹配属性值中包含指定值的每个元素

例 3-13 中使用两种属性选择器对 p 标记进行样式属性的定义，请仔细体会属性选择器的内在的含义，在浏览器中的显示结果如图 3-9 所示。

例 3-13　example3-13.html

扫一扫，看视频

```
<!doctype html>
<html>
  <head>
    <meta charset="utf-8">
    <title>属性选择器</title>
    <style>
    p[align]{
        color:red;
        font-size:48px;
    }
    p[align=right]{
        color:blue;
        font-size:24px;
```

```
        }
      </style>
    </head>
    <body>
      <p align="center">Hello world!</p>
      <p align="right">Hello world too!</p>
    </body>
</html>
```

图 3-9 属性选择器

3.2.9 通用选择器

通用选择器是所有选择器中最强大却使用得最少的选择器。通用选择器的作用就像是通配符，其匹配所有可用元素。通用选择器由一个星号表示，一般用来对网页上的所有元素进行样式设置，其语法结构如下：

```
*   {
        样式属性：属性值；
        样式属性：属性值；
        ……
}
```

*代表所有，即所有标记都使用该样式。例 3-14 中使用通用选择器进行样式属性的定义，把网页内的 h2 和 span 标记都设定成蓝色字体，文字大小为 36 像素，其在浏览器中的显示结果如图 3-10 所示。

例 3-14 example3-14.html

```
<!doctype html>
<html>
  <head>
    <meta charset="utf-8">
    <title>通用选择器</title>
    <style>
      *   {color:blue; font-size:36px;}
```

扫一扫，看视频

```
    </style>
  </head>
  <body>
    <p>Hello world!</p>
    <span>Hello world too!</span>
  </body>
</html>
```

图 3-10 通用选择器

3.3 CSS 基本属性

3.3.1 字体属性

CSS 中对文字样式的设置主要包括字体设置、字体大小、字体粗细、字体风格、字体颜色等。常用的字体属性及说明如表 3-2 所示。

表 3-2 字体属性及说明

属　　性	说　　明
font	简写属性。作用是把所有针对字体的属性设置在一个声明中
font-family	设置字体系列。例如"隶书，Times New Roman"等，当指定多种字体时，用逗号分隔，如果浏览器不支持第一个字体，则会尝试下一个字体；当字体由多个单词组成时，由双引号括起来
font-size	设置字体的尺寸。常用单位为像素（px）
font-style	设置字体风格。Normal 为正常；italic 为斜体；oblique 为倾斜
font-weight	设置字体的粗细。Normal 为正常；lighter 为细体；bold 为粗体；bolder 为特粗体

表 3-2 中 font 属性是一个简写属性，也就是说可以在这个声明中设置所有字体的属性。注意，在 font 属性的样式定义中，至少要指定字体大小和字体系列。可以按以下顺序设置 font 属性：font-style、font-variant、font-weight、font-size/line-height、font-family。如果有些属性没有进行设置，会使用其默认值。

例 3-15 中使用通用字体属性进行样式属性的设置，其在浏览器中的显示结果如图 3-11 所示。

例 3-15　example3-15.html

```html
<!doctype html>
  <html>
  <head>
    <meta charset="utf-8">
    <title>字体属性</title>
    <style>
    #fontCSS1{
        font-family:"Times New Roman",Georgia,Serif ;    /*设置字体类型*/
        font-size:28px;                                   /*设置字体大小*/
        font-weight: bold;                                /*设置字体粗细*/
    }
    #fontCSS2{
        font-family:Arial,Verdana,Sans-serif;
        font-size:20px;
        font-style:italic;                                /*设置字体风格*/
        font-weight: 900;
    }
    #myFont{
     /*设置字体为倾斜、加粗，大小为 24 像素，行高为 36 像素，字体为 arial,sans-serif*/
     font: oblique bold 24px/36px arial,sans-serif;
    }
    </style>
  </head>
  <body>
    <p id="fontCSS1">hello world1!</p>
    <p id="fontCSS2">hello world2!</p>
    <p id="myFont">hello world3!</p>
  </body>
</html>
```

图 3-11　字体属性

3.3.2　文本属性

文本属性是对一段文字整体地进行设置。文本属性的设置包括设置阴影效果、大小写转换、文本缩进、文本对齐方式等，其属性及说明如表 3-3 所示。

表 3-3　文本属性及说明

属　　　性	说　　　明
color	设置文本颜色。设置方式包括预定义颜色（如 red.green 等）、十六进制（如#ff0000）、RGB 代码（如 RGB(255,0,0)）
direction	设置文本方向
line-height	设置行高，单位为像素。此属性在用于进行文字垂直方向对齐时，属性值与 heitht 属性值的设置相同
letter-spacing	设置字符间距，就是字符与字符之间的空白。其属性值可以为不同单位的数值，并且允许使用负值，默认值为 normal
text-align	设置文本内容的水平对齐方式。Left 为左对齐（默认值），center 为居中对齐，right 为右对齐
text-decoration	向文本添加修饰。None 为无修饰（默认值），underline 为下划线，overline 为上划线，line-through 为删除线
text-indent	设置首行文本的缩进
text-overflow	设置对象内溢出的文本处理方法。Clip 为不显示溢出文本；ellipsis 为用省略标记"..."标示溢出文本
text-shadow	设置文本阴影
text-transform	控制文本转换。None 为不转换（默认值），capitalize 为首字母大写，uppercase 为全部字符转换成大写，lowercase 为全部字符转换成小写
unicode-bidi	设置文本方向
white-space	设置元素中空白的处理方式
word-spacing	设置字间距。用于定义英文单词之间的间距，对中文无效

例 3-16 中对字体的常见属性进行样式定义，在浏览器中的显示结果如图 3-12 所示。

例 3-16　example3-16.html

```
<!doctype html>
<html>
  <head>
    <meta charset="utf-8">
    <title>文本属性</title>
    <style>
    #one{
      text-align:left;                  /* 文字左对齐*/
      word-spacing:30px;                /*单词之间的间距为 30 像素*/
    }
    #two{
      text-align:center;                /* 文字居中对齐*/
      word-spacing:-15px;               /*单词之间的间距为-15 像素*/
```

扫一扫，看视频

```
    }
    #three{
        text-align:right;                    /* 文字右对齐*/
        letter-spacing:28px;                 /* 字母之间的间距为28像素*/
        text-decoration:underline;           /*文字修饰：加下划线*/
        text-transform:uppercase;            /*文字全部大写*/
    }
  </style>
</head>
<body>
  <h2 id="one">hello CSS world!</h2>
  <h2 id="two">hello CSS world!</h2>
  <h2 id="three">hello CSS world!</h2>
</body>
</html>
```

图 3-12　文本属性

text-shadow 属性是 CSS3 的属性，是向文本添加一个或多个阴影，该属性是用逗号分隔的阴影列表，每个阴影由两个或三个长度值和一个可选的颜色值进行规定，省略的长度是 0，该属性的语法格式定义如下：

```
text-shadow: h-shadow v-shadow blur color[,h-shadow v-shadow blur color];
```

其中 h-shadow 是必须定义的，表示水平阴影的位置，如果是正值则表示阴影向右位移的距离，如果是负值则表示阴影向左位移的距离；v-shadow 是必须定义的，表示垂直阴影的位置，如果是正值则表示阴影向下位移的距离，如果是负值则表示阴影向上位移的距离；blur 是可选项，表示阴影的模糊距离；color 是可选项，表示阴影的颜色。

例 3-17 中对一段文字定义了两个阴影，一个阴影是红色，一个阴影是绿色，注意两个阴影的位置不要重合，否则将只能看到一个阴影，在浏览器中的显示结果如图 3-13 所示。

例 3-17   example3-17.html

```
<!doctype html>
<html>
  <head>
    <meta charset="utf-8">
    <title>文本属性</title>
    <style>
      h2{
            font-size:48px;
            font-family:隶书;
            text-shadow:red 6px -7px 5px,grey 16px -17px 15px;

      }
    </style>
  </head>
  <body>
    <h2>Web 程序设计基础</h2>
  </body>
</html>
```

扫一扫，看视频

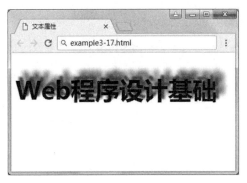

图 3-13   文本阴影属性

3.3.3   背景属性

1. 常见的背景属性

CSS 背景属性主要用于设置对象的背景颜色、背景图片、背景图片的重复性、背景图片的位置等属性，其常见属性及说明如表 3-4 所示。

表 3-4   常见的背景属性及说明

属 性	说 明
background	简写属性，作用是将背景的所有属性设置在一个声明中
background-attachment	设置背景图像是否固定或者随着页面的其余部分滚动。scroll 指背景图像随内容滚动；fixed 指背景图像不随内容滚动

属　　　　性	说　　　　明
background-color	设置元素的背景颜色。取英文单词，或#rrggbb，或#rgb
background-image	把图像设置为背景。其值可以为绝对路径或相对路径表示的 URL
background-position	设置背景图像的起始位置。left 为水平居左，right 为水平居右，center 为水平居中或垂直居中，top 为垂直靠上，bottom 为垂直靠下或精确的值
background-repeat	设置背景图像是否重复及如何重复。repeat-x 为横向平铺；repeat-y 为纵向平铺；norepeat 为不平铺；repeat 为平铺背景图片，该值为默认值

（1）使用 background-color 属性为元素设置背景色。这个属性接受任何合法的颜色值。例如把 p 元素的背景设置为灰色：

```
p {
    background-color: gray;
}
```

background-color 不能继承，其默认值是 transparent。transparent 有"透明"之意。也就是说，如果一个元素没有指定背景色，背景就是透明的，这样其祖先元素的背景就可以显现出来。

（2）要把图像放入背景，需要使用 background-image 属性。background-image 属性的默认值是 none，表示背景上没有放置任何图像。如果需要设置一个背景图片，必须为这个属性设置一个 URL 值。例如把 p 元素的背景图片设置为 1.jpg，代码如下：

```
p {
    background-image: url(images/1.jpg);
}
```

（3）设置背景图片的起始位置需要使用 background-position 属性，该位置的属性值可以有多种形式，可以是 X、Y 轴方向的百分比或绝对值，也可以使用表示位置的英文名称，如 left、center、right、top、bottom。例如把背景图片放置在底部居中，必须先去除背景图片的重复属性，然后用 background-position 属性进行设置，代码如下所示：

```
background-repeat:no-repeat;              /*设置背景图片不重复*/
background-position:center bottom;        /*设置背景图片水平居中，底端对齐*/
```

例 3-18 中建立 5 个 div 块标记，每个 div 块标记设置的背景图片为图 3-14 所示的右下角五角星，当鼠标指针指到某个五角星时，该五角星变成图 3-14 左上角的五角星，在浏览器中的显示结果如图 3-15 所示。

例 3-18　example3-18.html

```
<!doctype html>
<html>
  <head>
    <meta charset="utf-8">
    <title>背景综合应用</title>
```

扫一扫，看视频

95

```
<style>
div
    {
    width:170px;                          /*显示五角星的div块标记宽度*/
    height:150px;                         /*显示五角星的div块标记高度*/
    background-image:url(images/fivestar.jpg);   /*设置背景图片为五角星*/
    /*显示背景图片的起始位置是水平方向-340像素，垂直方向-325像素，即右下角五角星*/
    background-position:-340px -325px;
    float:left;
    }
    div:hover{   /*伪类，表示当鼠标经过某个div时，该div标记属性改变成以下设置*/
    background-position:0px 0px;   /*背景位置改成水平方向和垂直方向都是0，即左
上角五角星*/
}
    </style>
    </head>
<body>
    <div></div>
    <div></div>
    <div></div>
    <div></div>
    <div></div>
    </body>
    </html>
```

图 3-14 五角星背景图片

图 3-15 鼠标指向中间五角星时的效果

（4）如果需要在网页上对背景图像进行平铺，可以使用 background-repeat 属性。该属性的属性值如果是 repeat，则会将背景图像在水平方向和垂直方向上都平铺，就像 HTML 中"<body background="2.jpg">"；如果值是 repeat-x 和 repeat-y，则分别使图像只在水平方向或垂直方向上进行重复；如果值是 no-repeat，则不允许图像在任何方向上进行平铺。默认情况下，背景图像将从一个元素的左上角开始。例 3-19 将背景图像放在右边，然后在 Y 轴方向进行平铺。在浏览器中的显示结果如图 3-16 所示。

例 3-19　example3-19.html

```html
<!doctype html>
<html>
 <head>
   <meta charset="utf-8">
   <title>背景属性</title>
   <style>
     body{
     background-image:url(images/1.jpg);     /* 设置背景图像位置 */
     background-position:right;                /* 设置背景图像水平方向右对齐 */
     background-repeat:repeat-y;               /* 设置背景图像 Y 轴方向平铺 */
     }
   </style>
   </head>
   <body>
 </body>
</html>
```

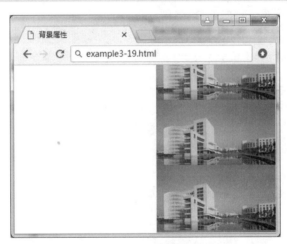

图 3-16　背景图像位置

（5）background-clip 属性规定背景的绘制区域，该属性是 CSS3 的属性，主要用于设置背景图像的裁剪区域，其基本语法格式是：

```
background-clip : border-box | padding-box | content-box;
```

其中：border-box 是默认值，表示从边框区域向外裁剪背景；padding-box 表示从内边距区域向外裁剪背景；content-box 表示从内容区域向外裁剪背景。

例 3-20 将背景颜色仅放置在内容区域，内边距不放背景颜色，在浏览器中的显示结果如图 3-17 所示。

例 3-20　example3-20.html

```
<!doctype html>
<html>
  <head>
    <meta charset="utf-8">
    <title>背景裁剪属性</title>
    <style>
    div
    {
        width:300px;                      /*设置 DIV 块宽度为 300px*/
        height:300px;                     /*设置 DIV 块高度为 300px*/
        padding:20px;                     /*设置 DIV 块内边距为 20px*/
        background-color:yellow;          /*设置 DIV 块背景色为黄色*/
        background-clip:content-box;      /*设置 DIV 块裁剪属性为从内容区域向外裁剪*/
        border:3px solid red;             /*设置 DIV 块边框为 3 像素、实心线、红色*/
    }
    </style>
  </head>
<body>
<div>
    这是文本。这是文本。这是文本。这是文本。这是文本。这是文本。这是文本。这是文本。
    这是文本。这是文本。这是文本。这是文本。这是文本。这是文本。这是文本。这是文本。
    这是文本。这是文本。这是文本。这是文本。这是文本。这是文本。这是文本。这是文本。
    这是文本。这是文本。这是文本。这是文本。这是文本。这是文本。这是文本。这是文本。
    这是文本。这是文本。这是文本。这是文本。这是文本。这是文本。这是文本。这是文本。
    这是文本。这是文本。这是文本。这是文本。这是文本。这是文本。这是文本。这是文本。
</div>
</body>
</html>
```

图 3-17　背景绘制区域

2. CSS3 的背景渐变属性

CSS3 渐变属性可以使两个或多个指定的颜色之间显示平稳的过渡，以前这种显示效果必须使用图像来实现，现在可以通过使用 CSS3 渐变来完成，减少了下载的数据和宽带的使用。此外，渐变效果的元素在放大时看起来效果更好，因为渐变是由浏览器生成的。CSS3 定义了两种类型的渐变：一种是线性渐变，即向下/向上/向左/向右/对角方向；另一种是径向渐变，即由中心定义。

（1）线性渐变。为了创建一个线性渐变，必须至少定义两种颜色结点。颜色结点为要呈现平稳过渡的颜色。同时，也可以设置一个起点和一个方向（或一个角度）。其定义的基本语法格式如下：

```
background: linear-gradient(direction, color-stop1, color-stop2, ...);
```

其中 direction 指明线性渐变的方向，默认是从上到下。下面的实例演示了从顶部开始的线性渐变，起点是红色，慢慢过渡到黄色：

```
background: linear-gradient(red, yellow);
```

从左到右的线性渐变：

```
background: linear-gradient(to right, red, yellow);
```

也可以通过指定水平方向和垂直方向的起始位置来制作一个对角渐变。下面的实例演示了从左上角开始到右下角的线性渐变。起点是红色，慢慢过渡到黄色：

```
background: linear-gradient(to bottom right, red , yellow);
```

如果要在渐变方向上做更多的控制，可以定义一个角度，而不用预定义方向（to bottom、to top、to right、to left、to bottom right，等等）。角度指水平线和渐变线之间的角度，按逆时针方向计算。换句话说，0deg 将创建从下到上的渐变，90deg 将创建从左到右的渐变。下面的实例演示 45 度的线性渐变。起点是红色，慢慢过渡到黄色：

```
background: linear-gradient(45deg, red 30%, yellow 70%);
```

上例的渐变只有两种颜色，第一种颜色为红色且位置设置在 n%（n=30）处，第二种颜色为黄色且位置设置在 m%（m=70）处。浏览器会将 0%~n% 的范围设置为第一种颜色的纯色，即红色，n%~m% 的范围设置为第一种颜色到第二种颜色的过渡，m%~100% 的范围设置为第二种颜色的纯色。

（2）CSS3 径向渐变。为了创建一个径向渐变，必须至少定义两种颜色结点，颜色结点既要呈现平稳过渡的颜色，又要指定渐变的中心、形状（圆形或椭圆形）、大小。默认情况下，渐变的中心是 center（表示在中心点），渐变的形状是 ellipse（表示椭圆形），渐变的大小是 farthest-corner（表示到最远的角落）。其定义的基本语法如下：

```
background: radial-gradient(shape, start-color, ..., last-color);
```

shape 参数定义形状，其值可以是 circle 或 ellipse。其中，circle 表示圆形，ellipse 表示椭圆形。默认值是 ellipse。例如：

```
background: radial-gradient(circle, red, yellow, green);
```

（3）重复径向渐变。repeating-radial-gradient()函数用于重复径向渐变，该函数的所有参数及语法与径向渐变相同。

例 3-21 制作了两个 div 标记，并把这两个 div 块的背景设置为线性渐变和重复径向渐变，其在浏览器中的显示结果如图 3-18 所示。

例 3-21 example3-21.html

```
<!doctype html>
<html>
  <head>
    <meta charset="utf-8">
    <title>背景</title>
    <style>
    #box1
    {
        width:100px;                /*设置DIV块的宽度为100px*/
        height:100px;               /*设置DIV块的高度为100px*/
        border-radius:50%;          /*设置DIV块的边框半径为50%，即圆*/
        /*DIV球背景色渐变从左下到右上，即45度，其中红色占30%,黄色占60%*/
        background-image:linear-gradient(45deg,#f00 30%,#ff0 60%);
    }
    #box2
    {
        width:100px;
        height:100px;
        border-radius:50%;
        /*背景重复径向渐变，圆形，且有红、黄、蓝三色 */
        background-image:repeating-radial-gradient(circle at 50% 50%,
                            red,yellow 10%,blue 15%);
    }
    </style>
  </head>
  <body>
  <div id="box1"></div>
  <div id="box2"></div>
  </body>
</html>
```

扫一扫，看视频

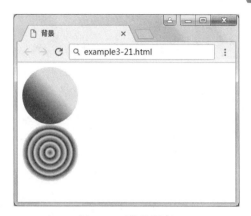

图 3-18　背景渐变

3.3.4　边框属性

利用 CSS 边框属性可以设置对象边框的颜色、样式以及宽度。使用对象的边框属性之前，必须先设定对象的高度及宽度。设置边框属性的语法格式如下：

border：边框宽度 边框样式 边框颜色

需要说明的是，border-width 属性可以单独设置边框宽度；border-style 属性可以单独设置边框样式；border-color 可以单独设置边框颜色。其中边框样式的取值及说明如表 3-5 所示。

表 3-5　边框样式的取值及说明

边框样式	说　　明	边框样式	说　　明
none	无边框，无论边框宽度设为多大	double	双线边框
hidden	隐藏边框	groove	3D 凹槽边框
dotted	点线边框	ridge	菱形边框
dashed	虚线边框	inset	3D 内嵌边框
solid	实线边框。默认值	outset	3D 凸边框

例 3-22 制作了多个样式的边框，以让读者理解不同样式边框呈现的状态，其在浏览器中的显示结果如图 3-19 所示。

例 3-22　example3-22.html

```
<html>
 <head>
  <meta charset="utf-8">
  <title>边框样式</title>
  <style type="text/css">
  p.dotted {border-style: dotted;}
  p.dashed {border-style: dashed;}
```

扫一扫，看视频

```
  p.solid {border-style: solid;}
  p.double {border-style: double;}
  p.groove {border-style: groove;}
  p.ridge {border-style: ridge;}
  p.inset {border-style: inset;}
  p.outset {border-style: outset;}
  </style>
</head>
<body>
  <p class="dotted">A dotted border</p>
  <p class="dashed">A dashed border</p>
  <p class="solid">A solid border</p>
  <p class="double">A double border</p>
  <p class="groove">A groove border</p>
  <p class="ridge">A ridge border</p>
  <p class="inset">An inset border</p>
  <p class="outset">An outset border</p>
</body>
</html>
```

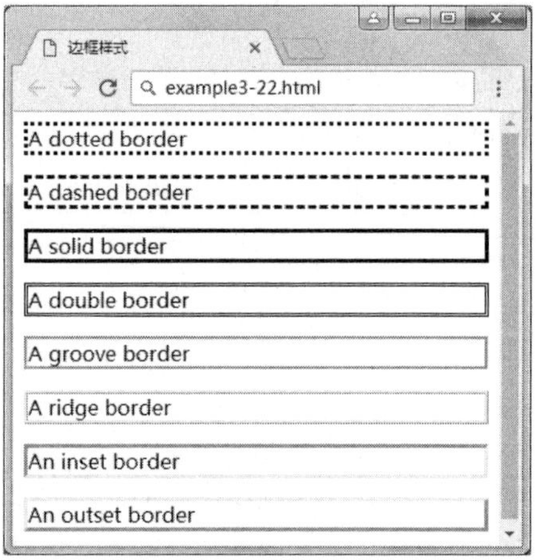

图 3-19　边框样式

在 CSS3 中可以通过 border-radius 属性为元素增加圆角边框，定义该属性的语法如下：

```
border-radius : 像素值|百分比
```

例 3-23 将一个正方形元素设置其 border-radius 值为边长的一半，则可以得到一个圆形，其在浏览器中的显示结果如图 3-20 所示。

例 3-23　example3-23.html

```
<html>
  <head>
```

```
    <meta charset="utf-8">
    <title>边框样式</title>
    <style type="text/css">
    #circle{
        width:200px;                /*设置宽度为200像素*/
        length:200px;               /*设置长度为200像素*/
        border-radius:50%;          /*设置边框圆角值为宽高的一半，即100像素*/
        border:2px solid red;       /*设置边框为2像素，实心线，红色*/
        background:blue;            /*设置背景色为蓝色*/
    }
    </style>
  </head>
  <body>
    <div id="circle"></div>
  </body>
</html>
```

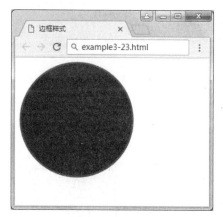

图 3-20　圆角边框

3.3.5　列表属性

在 CSS 中列表属性是设置无序列表标记（<ul></ul>）的呈现形式，常用的列表属性有 list-style-type、list-style-image、list-style-position 以及 list-style。

其中 list-style-type 属性用于设置列表项标记的类型，主要有 disp（实心圆）、circle（空心圆）、square（实心方块）、none（不使用项目符号）；list-style-image 属性用于设置使用什么图像作为列表符号，需要说明的是为了使列表图像能清晰显示，不要选择过大的图片；list-style-position 属性用来指定列表符号的显示位置，当值为 outside 时，表示将列表符号放在文本块之外，该值为默认值，当值为 inside 时，表示将列表符号放在文本块之内。

例 3-24 利用无符号列表制作了一个横向导航菜单，当鼠标放到某个导航菜单按钮时，通过 hover 伪类改变当前导航菜单按钮的样式，其在浏览器中的显示结果如图 3-21 和图 3-22 所示。

例 3-24　example3-24.html

```html
<html>
  <head>
    <meta charset="utf-8">
    <title>列表样式</title>
    <style type="text/css">
    #box{ background-color:#FC6;        /*设置背景色*/
          margin:0 auto;                /*设置 div 块的标记自动水平居中*/
          height:40px;                  /*设置高度属性为 40 像素*/
    }
    #box ul{
          list-style:none;              /*设置列表显示风格为无，即不显示列表标记*/
    }
    #box ul li{
          width:80px;                   /*设置列表元素的宽度为 80 像素*/
          height:40px;                  /*设置列表元素的高度为 40 像素*/
          text-align:center;            /*设置列表元素内的文字水平方向居中*/
          line-height:40px;             /*设置列表元素内的文字垂直方向居中*/
          float:left;                   /*设置列表元素浮动，目的是把列表元素水平排列*/
    }
    #box ul li.strong{
          font-weight:bold;             /*设置选中列表元素内的文字加粗显示*/
    }
    #box ul li:hover{                   /*鼠标指针放到 li 标记时 li 所显示的样式*/
      background-color:black;           /*设置列表元素的背景色为黑色*/
          text-decoration:underline;    /*设置列表元素的文字有下划线*/
          cursor:pointer;               /*设置鼠标指针为手形*/
    }
    #box ul li a{                       /*选中#box 内的 ul 内的 li 内的所有 a 标记*/
          text-decoration:none;         /*超链接指针文字无下划线*/
          color:black;
    }
    #box ul li:hover a{                 /*选中鼠标所在的 li 元素上的 a 标记*/
          text-decoration:underline;       /*超链接指针文字有下划线*/
          color:#fc6;
    }
    </style>
  </head>
  <body>
    <div id="box">
    <ul>
      <li class="strong">新闻</li>
      <li>军事</li>
      <li>社会</li>
```

```
      <li>国际</li>
    </ul>
  </div>
 </body>
</html>
```

图 3-21　列表样式

图 3-22　导航激活状态

3.3.6　鼠标属性

在 CSS 中可以通过鼠标指针的 cursor 属性设置鼠标指针的显示图形，其定义的语法格式如下：

```
cursor：鼠标指针样式；
```

cursor 属性的取值和说明如表 3-6 所示。使用方法如例 3-24 中 "#box ul li:hover" 样式的定义。

表 3-6　cursor 属性和说明

属　性　值	说　　明	属　性　值	说　　明
crosshair	十字准线	s-resize	向下改变大小
pointer|hand	手形	e-resize	向右改变大小
wait	表或沙漏	w-resize	向左改变大小
help	问号或气球	ne-resize	向上右改变大小
no-drop	无法释放	nw-resize	向上左改变大小
text	文字或编辑	se-resize	向下右改变大小
move	移动	sw-resize	向下左改变大小
n-resize	向上改变大小		

3.1　伪类和伪元素

伪类和伪元素的引入都是因为在文档树内有些信息无法用选择器选中，例如 CSS 没有"段落的第一行""文章首字母"之类的选择器，而这在一些网页中又是必需的，这种情况下就引出了伪类和伪元素。也就是说 CSS 引入伪类和伪元素的概念是为了实现基于文档树之外的信息的格式化。伪类和伪元素的区别是：

（1）伪类的操作对象是文档树中已有的元素，而伪元素创建了一个文档树之外的元素。

（2）CSS3 规范中要求使用双冒号（::）表示伪元素，以此来区分伪元素和伪类。IE8 及以下版本的一些浏览器不兼容双冒号（::）表示方法，所以除了少部分伪元素，其余伪元素既可以使用单冒号（:），也可以使用双冒号（::）。

3.4.1 伪类

伪类是一种特殊的类选择符，是能够被支持 CSS 的浏览器自动识别的特殊选择符，其最大用途是为超链接定义不同状态下的样式效果。伪类的语法是在原有选择符后加一个伪类，其语法格式如下：

```
选择器: 伪类 {
    属性: 属性值;
    属性: 属性值;
    ……
}
```

伪类是在 CSS 中已经定义好的，不能像类选择符那样使用其他名字，可以解释为对象在某个特殊状态下的样式。常用的伪类如下：

（1）表示状态。

➢ :link：选择未访问的链接。

➢ :visited：选择已访问的链接。

➢ :hover：选择鼠标指针移入链接。

➢ :active：被激活的链接，即按下鼠标左键但未松开。

➢ :focus：选择获取焦点的输入字段。

（2）结构化伪类。

➢ :not：否定伪类，用于匹配不符合参数选择器的元素。

➢ :first-child：匹配元素的第一个子元素。

➢ :last-child：匹配元素的最后一个子元素。

➢ :first-of-type：匹配属于其父元素的首个特定类型的子元素的每个元素。

➢ :last-of-type：匹配元素的最后一个子元素。

➢ :nth-child：根据元素的位置匹配一个或者多个元素，并接受一个 an+b 形式的参数（an+b 最大数为匹配元素的个数）。

➢ :nth-last-child：与:nth-child 相似，不同之处在于是从最后一个子元素开始计数的。

➢ :nth-of-type：与 nth-child 相似，不同之处在于只匹配特定类型的元素。

➢ :nth-last-type：与 nth-of-type 相似，不同之处在于是从最后一个子元素开始计数的。

➢ :only-child：当元素是其父元素中唯一一个子元素时，:only-child 匹配该元素。

➢ :only-of-type：当元素是其父元素中唯一一个特定类型的子元素时，:only-child 匹配该元素。

➢ :target：当 URL 带有锚名称，指向文档内某个具体元素时，:target 匹配该元素。

（3）表单相关伪类。

➢ :checked：匹配被选中的 input 元素，这个 input 元素包括 radio 和 checkbox。

➢ :default：匹配默认选中的元素，例如，提交按钮总是表单的默认按钮。

➢ :disabled：匹配禁用的表单元素。

➢ :empty：匹配没有子元素的元素。如果元素中含有文本节点、HTML 元素或者一个空格，则:empty 不能匹配这个元素。

➢ :enabled：匹配没有设置 disabled 属性的表单元素。

➢ :valid：匹配条件验证正确的表单元素。

➢ :invalid：与:valid 相反，匹配条件验证错误的表单元素。

➢ :optional：匹配具有 optional 属性的表单元素。当表单元素没有设置为 required 时，即为 optional 属性。

➢ :required：匹配设置了 required 属性的表单元素。

例 3-25 使用了上述三种伪类，目的是让读者理解和体会三种伪类的用法其在浏览器中的显示结果如图 3-23 所示。

例 3-25　example3-25.html

```
<!doctype html>
<html>
  <head>
    <meta charset="utf-8">
    <title>伪类</title>
    <style>
    a:link {                        /* 未访问链接*/
        color:#000000;
    }
    a:visited {                     /* 已访问链接 */
        color:#00FF00;
    }
    a:hover {                       /* 鼠标移动到链接上 */
        color:#FF00FF;
    }
    a:active {                      /* 鼠标单击时 */
        color:#0000FF;
    }
    input:focus                     /*input 标记获得焦点时*/
    {
        background-color:yellow;
```

扫一扫，看视频

```
    }
    p:last-child                    /*p 标记的最后一个标记*/
    {
        font-size:24px;
    }
    </style>
</head>
<body>
<p><b><a href="/css/" target="_blank">这是一个链接</a></b></p>
<p>
    <b>注意：</b>
    a:hover 必须在 a:link 和 a:visited 之后，需要严格按顺序才能看到效果。
</p>
<p><b>注意：</b> a:active 必须在 a:hover 之后。</p>
<p>你可以使用 "first-letter" 伪元素向文本的首字母设置特殊样式：</p>
First name: <input type="text" name="fname"/><br>
<p>This is some text.</p>
<p>This is some text.</p>
</body>
</html>
```

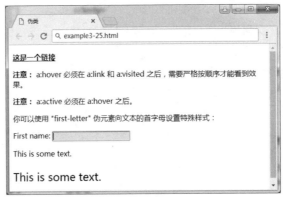

图 3-23   伪类

3.4.2 伪元素

CSS 的伪元素之所以被称为伪元素，是因为其不是真正的页面元素，即没有对应的 HTML 元素，但是其所有用法和表现行为与真正的页面元素一样，可以对其使用如页面元素一样的 CSS 样式，表面看上去貌似用页面的某些元素来展现，实际上是 CSS 样式展现的行为，因此被称为伪元素。常用的伪元素如下。

> ➤ :before：在某个元素之前插入一些内容。
> ➤ :after：在某个元素之后插入一些内容。
> ➤ :first-letter：为某个元素中文字的首字母或第一个字使用样式。

> :first-line：为某个元素的第一行文字使用样式。
>
> :selection：匹配被用户选中或者处于高亮状态的部分。
>
> :placeholder：匹配占位符的文本，只有元素设置了 placeholder 属性时，该伪元素才能生效。

例 3-26 中的显示效果使用了几种伪元素定义，目的是让读者理解和体会伪元素的用法，其在浏览器中的显示结果如图 3-24 所示。

例 3-26　example3-26.html

```html
<!doctype html>
<html>
  <head>
    <meta charset="utf-8">
    <title>伪元素</title>
    <style>
    p.fl:first-line
    {
        color:#ff00ff;
        font-size:24px;
    }
    p.myClass:first-letter{
        color:#ff0000;
        font-size:xx-large;
    }
    p.youClass:before{
        content: "您好，"
    }
  p.youClass:after{
        content: "您好帅!"
    }
    </style>
  </head>
<body>
  <p class="fl">
    向文本的首行设置特殊样式<br/>可以使用 "first-line" 伪元素。
  </p>
  <p class="myClass">
    可以使用 "first-letter" 伪元素向文本的首字母设置特殊样式：
  </p>
   <p class="youClass"> 先生!</p>
  </body>
</html>
```

图 3-24　伪元素

本章小结

CSS 是层叠样式表，是设计网页的布局和格式的有效手段。本章首先介绍了 CSS 的发展史，说明了 CSS 的样式规则，包括选择符、属性名以及属性值；然后对 CSS 常用的选择器进行说明，主要包括 HTML 选择器、类选择器、ID 选择器、组合选择器以及包含选择器等，并对各种样式表的优先级进行梳理，从高到低依次为内嵌样式、内部样式、外部样式和浏览器的默认样式；再对 CSS 的属性进行讲解，包括文本属性、字体属性、背景属性、边框属性、列表属性等；最后对 CSS 中的伪类和伪元素所提供的不同状态下的特殊样式进行讨论。

通过本章的学习，读者应该对 CSS 有了一定的了解，能够充分理解 CSS 所实现的结构与表现的分离及 CSS 样式的优先级规则，可以熟练地使用 CSS 控制页面中的字体和文本外观样式。

习　题　三

一、选择题

1.（　　）CSS 样式定义的方式拥有最高的优先级。

A. 外部　　　　　　　　B. 内嵌　　　　　　　　C. 链接　　　　　　　　D. 内部

2. 以下 HTML 中，（　　）是正确引用外部样式表的方法。

A. <style src="mystyle.css">

B. <link rel="stylesheet"type="text/css"href="mystyle.css">

C. <stylesheet>mystyle.css</stylesheet>

D. <a href="mystyle.css"></a>

3. CSS 语法正确的是（　　）。

A. body:color=black　　　　　　　　　　B. {body:color=black(body}

C. body {color: black}　　　　　　　　　D. {body;color:black}

4. 如何在 CSS 文件中插入注释？（　　　）

    A. // this is a comment   B. // this is a comment //

    C. /* this is a comment */   D. ' this is a comment

5. CSS 如何改变某个元素的文本颜色？（　　　）

    A. text-color: B. color: C. fgcolor: D. text-color=

6. 可控制文本的尺寸的 CSS 属性是（　　　）。

    A. font-size   B. text-style   C. font-style   D. text-size

7. 如何显示没有下划线的超链接？（　　　）

    A. a {text-decoration:none}   B. a {text-decoration:no underline}

    C. a {underline:none}   D. a {decoration:no underline}

8. 如何产生带有正方形的项目列表？（　　　）

    A. list-type: square   B. list-style-type: square

    C. type: square   D. type: 2

9. 根据以下 HTML 代码：h1{ color: "limegreen";font-family: "arial" }，可以知道（　　　）。

    A. 此段代码是一个类选择器   B. 选择器的名称是 color

    C. { }包含的部分是对 h1 这个选择器的样式说明

    D. limegreen 和 font-family 都是值

10. CSS 中的选择器不包括（　　　）。

    A. 对象选择器   B. 类选择器   C. 标记选择器   D. ID 选择器

二、多项选择题

1. 下面关于 CSS 的表述，正确的是（　　　）。

    A. CSS 是一种制作网页的新技术，现在已经被大多数浏览器支持，成为网页设计必不可少的工具之一

    B. 层叠样式表是 HTML 的辅助工具，缺点是设计者设计的网页缺少动感，网页内容的排版在布局上也有很多困难

    C. 使用 CSS 能够简化网页的格式代码，加快下载显示的速度，也减少了需要上传的代码数量，大大减少了重复劳动的工作量

    D. CSS 是 Cascading Style Sheets 的缩写，中文意思是层叠样式表

2. 样式表的声明分为（　　　）。

    A. 选择符（selector）、块{}（block）、属性（properties）

    B. 块中包含属性的取值（value）

    C. 选择符（selector）和块{}（block）

    D. 块中包含属性（properties）和属性的取值（value）

3. 在 CSS 中，（　　　）是背景图像的属性。

    A. 背景重复   B. 背景附件   C. 纵向排列   D. 背景位置

4. 边框的样式可以包含的值包括（　　　）。

  A. 粗细   B. 颜色   C. 样式   D. 长短

5. 关于 CSS 基本语法的说法，正确的是（   ）。

  A. 属性必须包含在{ }之中

  B. 属性和属性值之间用等号连接

  C. 在有多个属性时，用";"进行分隔

  D. 如果一个属性有几个值，则每个属性值之间用分号分隔开

三、问答题

1. CSS 的常用选择符有哪些？这些选择符的优先级是怎样的？

2. 行内元素有哪些？块级元素有哪些？

3. CSS 的基本语法结构及规范是什么？

4. 举例说明 CSS 的三种使用方法。

5. 简述 CSS 类的选择器有哪些。

6. 简述 CSS 样式的伪类。

7. 简述选择器的优先级别。

8. 简述 CSS 的特点。

9. CSS 的几种实现方式中哪种的优势更突出？相对其他实现方式而言，其优点有哪些？

10. 请写出<p>标记相关的样式，其样式定义如下：字体为宋体，字体颜色为红色，斜体，大小为20px。

实验三 CSS 基础

1. 使用适当的 CSS 方式，实现如实验图 3-1 所示的页面。

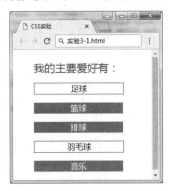

实验图 3-1

2. 定义网页所有的超链接，样式要求如下：

（1）默认样式是红色，24px，宋体，无下划线。

（2）当鼠标移动到超链接时，自动出现下划线，字号大小变成 40px，字体变成宋体。

（3）单击超链接变成灰色。

第 4 章

CSS 页面布局

本章知识目标：

本章主要讲解利用 CSS 进行网页布局的方法。通过对本章的学习，读者应该掌握以下主要内容：

❏ 掌握 HTML 标记的定位，能够为 HTML 标记设置常见的定位方式；

❏ 理解 HTML 标记的浮动原理；

❏ 熟悉 CSS 文本样式属性，能够运用相应的属性定义文本样式。

扫一扫，看PPT

4.1　网页布局元素

4.1.1　网页布局概述

1．概述

网页布局是网页设计中的一个基本概念，当一张空白的网页呈现时，如何把文字、图片等网页元素有规则地排列在网页的指定位置，就是网页布局要考虑的主要问题。好的网页布局能够让网页制作人员更好地把握网页的整体结构，提高代码的书写效率、复用性和后期维护速度。作为初学者，更应该重视页面布局，而不是简单地为了达到页面效果而不考虑页面的布局，毕竟页面布局和代码的质量是紧密相关的。在进行网页布局时应该主要考虑以下几个方面。

（1）要有整体意识。在页面布局时，应从整体出发，了解页面的大概内容，清楚应该把个网页分成几个大的模块。

（2）从外向内，层层递进。写清标记的嵌套关系，简单明了的层级关系不仅便于查找页面内容，方便在出现错误时能够快速地修改，而且在书写 JavaScript 代码时可以更快地找到所需要的元素。后期其他开发人员在修改代码时更加便利，可以减少工作量，提高工作效率。

（3）模块化。在把握页面大模块的同时，分析组成大模块的局部，把局部模块化，可以排除很多其他页面元素的干扰，降低页面在出现错误时可能的影响范围。

（4）命名规则。在给页面元素命名时，尽量做到望名知意。因为代码写出来不仅仅是给网页设计者看的，后期还需要大量的维护和更新。如果没有意义的名字太多，就会大大增加后面的维护成本。在命名时最好还要体现元素的嵌套关系，这样在书写 CSS 代码时就会便捷许多。

实现网页的页面布局一般有三种方法：表格布局、框架布局以及 DIV+CSS 页面布局。

（1）表格布局的实现方式比较简单。各个元素可以位于表格独立的单元格中，相互影响较小，而且对浏览器的兼容性较好。但表格布局的缺陷也相当明显，主要表现在以下几个方面。

①在某些浏览器下（例如 IE），表格只有在全部下载完成后才可以显示，数据量比较大时会影响网页的浏览速度。

②搜索引擎难以分析较复杂的表格，而且网页样式的改版也比较麻烦。

③在多重表格嵌套的情况下，代码可读性较差，页面的下载速度也会受到影响。

目前，除了规模较小的网站之外，一般不采用表格布局。

（2）框架布局指利用框架对页面空间进行有效的划分，每个区域可以显示不同的网页内容，各个区域之间互不影响。使用框架进行布局，可以使网页更整洁、清晰，网页的下载速度较快。如果框架用得较多，也会影响网页的浏览速度。内容较多、较复杂的网站最好不要采用框架布局。另外，框架和浏览器的兼容性不好，保存比较麻烦，应用的范围有限，一般也只应用于较小规模的网站。

（3）对于规模较大、比较复杂的网站大多数采用 DIV+CSS 方式进行布局。DIV+CSS 布局方式具有较为明显的优势，主要表现在以下几点：

①内容和表现相分离。

②对搜索引擎的支持更加友好。

③文件代码更加精简，执行速度更快。

④易于维护。

2. 网页的栏目划分

网页布局是设计在网页上放什么内容，以及这些内容放在网页的什么位置。网页设计没有什么定论可言，只要设计得漂亮就行。一个良好的网页，尤其是网站的主页（即网站的第一个页面），都会包含以下几个主要区域：页头、banner、导航区域、内容、页脚。

（1）页头。页头也称为网页的页眉，主要作用是定义页面的标题。通过网页的标题，用户可以立即知道该网页甚至是该网站的主题。通常页头都会放置网站的 logo（网站标志）、banner 等图片或动画。

（2）banner。banner 是横幅广告的意思，在很多网站最上方都会放置一个 banner。不过 banner 的位置不一定在页头，也有可能出现在网页的其他区域。banner 不一定放置的都是广告，也常放置一些网站的标题或介绍。也有一些网站没有放置任何 banner。

（3）导航区域。不是每个网站都会有 banner，但几乎所有网站都会有导航区域。导航区域用于链接网站的各个栏目，通过导航区域可以看出一个网站的定位是什么。导航区域通常是以导航条的形式出现的，导航条大致可以分为横向导航条、纵向导航条和菜单导航条三大类，其中横向导航条将栏目横向平铺，纵向导航条将栏目纵向平铺，菜单导航条通常用于栏目比较多的情况下，尤其是栏目下又有子栏目的情况。

（4）内容。按照链接的深度，一个网站可以分为多级：一级页面通常是网站的主页，该页面的内容比较多，例如各栏目的介绍、最新动态、最新更新、重要资讯等；二级页面通常是在主页内单击栏目链接之后的页面，该页面的内容是某一个栏目下的所有内容（往往只显示标题），例如单击新浪网首页导航条的"体育"栏目之后看到的就是二级页面，在该页面内可以看到所有与体育相关的新闻标题；三级页面通常是在二级页面中单击标题后出现的页面，该页面内通常是一些具体内容，例如某个新闻的具体内容。

4.1.2　元素类型与转换

HTML 标记语言提供了丰富的标记，用于组织页面结构，使页面结构的组织更加轻松、合理。用于组织页面布局的 HTML 标记分成两种类型：块标记（块元素）和行内标记（行内元素）。了解这两种标记类型的特性可以为熟练掌握 CSS 布局设置打下良好基础。

1. 块元素

块元素在页面中以区域块的形式出现，其特点是，每个块元素通常都会独自占据一整行或多个整行，可以对其设置宽度、高度、对齐等属性，常用于网页布局和网页结构的搭建。常见的块元素有<h1>～<h6>、<p>、<div>、<ul>、<ol>、<li>等，其中<div>标记是最典型的块元素。

2. 行内元素

行内元素也称为内联元素或内嵌元素，其特点是不必在新的一行开始，同时也不强迫其他元素在新的一行显示。一个行内元素通常会和其前后的其他行内元素显示在同一行中，不占有独立的区域，仅仅靠自身的字体大小和图像尺寸来支撑结构，一般不可以设置高度、对齐等属性，常用于控制页面中文本的样式。常见的行内元素有<strong>、<b>、<em>、<i>、<del>、<s>、<ins>、<u>、<a>、<span>等，其中<span>标记是最典型的行内元素。

下面通过例 4-1 来进一步认识块元素与行内元素的区别，其在浏览器中的显示结果如图 4-1 所示。

例 4-1　example4-1.html

```
<!doctype html>
<html>
  <head>
    <meta charset="utf-8">
    <title>块元素与行内元素的区别</title>
    <style>
      p{
        background-color:pink;
      }
      span{
        background-color:yellow;
      }
      i{
        background-color:#CFF;
      }
      div{
        background-color:#FFC;
      }
    </style>
  </head>
  <body>
      <p>p 标记——块元素</p>
      <span>span 标记——行内元素</span>
      <i>i 标记——行内元素</i>
      <div>div 标记——块元素</div>
  </body>
</html>
```

扫一扫，看视频

图 4-1　块元素与行内元素

从例 4-1 在浏览器中的运行结果可以看出，块标记<p>和<div>各占一行，而行内标记<span>和<i>在一行中显示。

3. 块元素和行内元素的转换

网页是由多个块元素和行内元素构成的盒子排列而成的。如果希望行内元素具有块元素的某些特性，例如可以设置宽度和高度属性，或者需要块元素具有行内元素的某些特性，例如不单独占一行排列，可以使用 display 属性对元素的类型进行转换。display 属性常用的属性值及含义如下。

（1）inline：此元素将显示为行内元素（行内元素默认的 display 属性值）。

（2）block：此元素将显示为块元素（块元素默认的 display 属性值）。

（3）inline- block：此元素将显示为行内块元素，可以对其设置宽度、高度和对齐等属性，但是该元素不会独占一行。

（4）none：此元素将被隐藏，不显示，也不占用页面空间，相当于该元素不存在。

下面通过例 4-2 来说明块元素与行内元素通过 display 属性进行转换，其在浏览器中的显示结果如图 4-2 所示。

例 4-2　example4-2.html

```
<!doctype html>
<html>
  <head>
    <meta charset="utf-8">
    <title>块元素与行内元素的转换</title>
    <style>
      p{
        background-color:pink;

      span{
        background-color:yellow;
        display:block;
}
      i{
        background-color:#CFF;
```

扫一扫，看视频

```
        }
    div{
        background-color:#FFC;
        display:inline;
        }
    </style>
</head>
<body>
    <span>span 标记——行内元素转换为块元素</span>
    <div>div 标记——块元素被转换为行内元素</div>
    <i>i 标记——行内元素</i>
    <p>p 标记——块元素</p>
</body>
</html>
```

图 4-2　元素转换

4.1.3　定位

　　CSS 有三种基本的定位机制：普通文档流、浮动和定位。除非特殊说明，否则所有 HTML 元素都在普通文档流中定位。也就是说，普通文档流中元素的位置由元素在 HTML 中的位置决定。块级元素从上到下一个接一个地排列，块级元素之间的垂直距离是由元素的垂直外边距计算出来的。

　　行内框在一行中水平布置。可以使用水平内边距、边框和外边距来调整各框之间的间距。由一行形成的水平框称为行框，行框的高度总是足以容纳所包含的所有行内框。不过，设置行高可以增加这个框的高度。

　　定位的含义是允许定义某个元素脱离其原来在普通文档流应该出现的正常位置，而是设置其相对于父元素、某个特定元素或浏览器窗口本身的位置。利用定位属性，可以建立列式布局，将布局的一部分与另一部分重叠，这种方法可以完成原来需要使用多个表格才能完成的任务，这种使用 CSS 定位的好处是可以根据浏览器窗口的大小进行内容显示的自适应。

　　通过使用定位属性（position）可以选择 4 种不同类型的定位，这会影响元素的显示位置。定位属性的取值可以是 static（静态定位）、relative（相对定位）、absolute（绝对定位）、fixed（固定定位）。

1. 静态定位

静态定位是元素默认的定位方式，是各个元素在 HTML 文档流中的默认位置。块级元素生成一个矩形框，作为文档流的一部分，行内元素会创建一个或多个行框，置于其父元素中。在静态定位方式中，无法通过位置偏移属性（top、bottom、left 或 right）来改变元素的位置。

下面通过例 4-3 来说明静态定位中<p>标记的显示按照其在文档中的位置进行，其在浏览器中的显示结果如图 4-3 所示。

例 4-3　example4-3.html

```
<!doctype html>
<html>
  <head>
    <meta charset="utf-8">
    <title>静态定位</title>
    <style>
      p{
        text-align:center;          /*设定文本居中对齐*/
        text-align:center;          /*设定文本居中对齐*/
        border:5px solid blue;      /*设定边框线为 5 像素、实心线，蓝色*/
        width:100px;                /*设定宽度值为 100 像素*/
        margin:15px;                /*设定外边距为 15 像素*/
      }
    </style>
  </head>
  <body>
    <p>第一段文字</p>
    <p>第二段文字</p>
    <p>第三段文字</p>
  </body>
</html>
```

扫一扫，看视频

图 4-3　静态定位

2. 相对定位

相对定位是普通文档流的一部分，相对于本元素在文档流原来出现位置的左上角进行定位，可以通过位置偏移属性改变元素的位置。虽然其移动到其他位置，但该元素仍占据原来未移动时的位置，该元素移动后会导致其覆盖其他的框元素。

下面通过例 4-4 来说明相对定位，将第二个<p>标记相对于其原来的位置向下移动 10 像素，向右移动 40 像素，其在浏览器中的显示结果如图 4-4 所示。

例 4-4 example4-4.html

```html
<!doctype html>
<html>
  <head>
    <meta charset="utf-8">
    <title>相对定位</title>
    <style>
      p{
          text-align:center;          /*设定文本居中对齐*/
          border:5px solid blue;      /*设定边框线为 5 像素、实心线，蓝色*/
          width:100px;                /*设定宽度值为 100 像素*/
          margin:15px;                /*设定外边距为 15 像素*/
      }
      p.relative{
          position:relative;          /*选定元素为相对定位*/
          top:10px;                   /*移动选定元素离原位置左上角的顶端向下 10 像素*/
          left:40px;                  /*移动选定元素离原位置左上角的左边向右 40 像素*/
          background:black;           /*背景色设为黑色*/
          color:white;                /*前景色设为白色*/
      }
    </style>
  </head>
  <body>
    <p>第一段文字</p>
    <p>class="relative">第二段文字</p>
    <p>第三段文字</p>
  </body>
</html>
```

图 4-4　相对定位

3. 绝对定位

绝对定位是脱离文档流的，不占据其原来未移动时的位置，是相对于父级元素或更高的祖先元素中有 relative（相对）定位并且离本元素层级关系上最近元素的左上角进行定位。如果在祖先元素中没有 relative 定位的，就默认相对于 body 进行定位。

下面通过例 4-5 来说明绝对定位的使用方法。将第二个 \<p> 标记相对于其父级元素 \<div> 标记的左上角位置向下移动 10 像素，向右移动 40 像素，该例中作为参考点的父元素 \<div> 设置为相对定位，移动的元素 \<p> 设定为绝对定位，移动的位置通过 top、bottom、left、right 属性进行相应设置。例 4-5 在浏览器中的显示结果如图 4-5 所示。

例 4-5 example4-5.html

```
<!doctype html>
<html>
 <head>
  <meta charset="utf-8">
  <title>绝对定位</title>
  <style>
   #box{
     height:200px;              /*块元素高度为 200 像素*/
     width:300px;               /*块元素宽度为 300 像素*/
     margin:0 auto;             /*块元素自动居中*/
     background:grey;           /*块元素背景色为灰色*/
     position:relative;         /*块元素使用相对定位*/
   }
   #box p{
     text-align:center;         /*设定文本居中对齐*/
     border:5px solid blue;     /*设定边框线为 5 像素、实心线，蓝色*/
     width:100px;               /*设定宽度值为 100 像素*/
     margin:15px;               /*设定外边距为 15 像素*/
     background:pink;           /*背景色为粉色*/
   }
   #box p.absolute{
     background:yellow;         /*背景色为黄色*/
     position:absolute;         /*使用绝对定位方式*/
     top:10px;                  /*距父元素的顶端 10 像素*/
     left:40px;                 /*距父元素的左边 40 像素*/
   }
  </style>
 </head>
 <body>
  <div id="box">
    <p>第一段文字</p>
    <p>class="absolute">第二段文字</p>
```

```
        <p>第三段文字</p>
    </div>
  </body>
</html>
```

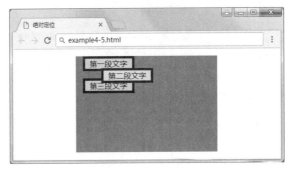

图 4-5　绝对定位

在图 4-5 的实例 example4-5.html 中由于父元素使用相对定位且被移动到浏览器的中间，而<p>标记使用绝对定位，其参考点为祖先元素，被设置相对定位最近元素的左上角，即其父元素<div>标记的左上角定为参考点。当把 example4-5.html 中的父元素<div>中相对定位样式语句"position:relative;"删除后，其在浏览器中的显示结果如图 4-6 所示。原因是采用绝对定位的<p>标记在其祖先标记中没有找到相对定位的元素，即没有找到参考点，这时其使用浏览器窗口的左上角为参考点，所以第二个<p>标记出现在图 4-6 中的位置。

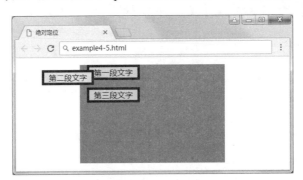

图 4-6　相对浏览器左上角的绝对定位

4. 固定定位

固定定位是绝对定位的一种特殊形式，是以浏览器窗口作为参照物来定义网页元素。当 position 属性的取值为 fixed 时，即可将元素的定位模式设置为固定定位。

当对元素设置固定定位后，该元素将脱离标准文档流的控制，始终依据浏览器窗口的左上角来定义自己的显示位置。不管浏览器滚动条如何滚动，也不管浏览器窗口的大小如何变化，该元素都会始终显示在浏览器窗口的固定位置。

5. 定位元素的层叠次序

当多个块元素脱离普通文档流后就形成多个层。如果没有对这些层进行层叠设置，则一般在 HTML 源文件靠下面添加的层，其位置越靠上，即显示在浏览器的最前面。如果需要改变这种层叠次序，就需要使用 z-index 属性。

z-index 属性设置一个定位元素沿 z 轴的位置，z 轴定义为垂直延伸到显示区的轴。如果为正数，则离用户更近，为负数则表示离用户更远。即拥有 z-index 属性值大的元素放置顺序总是会处于较低 z-index 属性值的前面。

需要强调说明的是元素可拥有负的 z-index 属性值，而且 z-index 仅能在绝对定位元素（例如 position:absolute;）上起作用。

下面通过例 4-6 来说明层叠次序定位的使用方法。定位三个<div>块元素，如果没有进行任何层叠次序设置时，按照在 HTML 中出现的先后顺序来显示其块元素，其在浏览器中的显示结果如图 4-7 所示。

例 4-6 example4-6.htm

```
<!doctype html>
<html>
 <head>
  <meta charset="utf-8">
  <title>层次定位</title>
  <style>
  div{
   height:100px;                /*高度 100 像素*/
   width:100px;                 /*宽度 100 像素*/
   position:absolute;           /*使用绝对定位，z-index 才起作用*/
   top:0px;                     /*距顶端 0 像素*/
   left:0px;                    /*距左边界 0 像素*/
   background:yellow;           /*背景色为黄色*/
  }
  #two {
   top:0px;                     /*距顶端 0 像素*/
   left:0px;                    /*距左边界 0 像素*/
   background:grey;             /*背景色为灰色*/
  }
  #three{
   top:0px;                     /*距顶端 0 像素*/
   left:0px;                    /*距左边界 0 像素*/
   background:pink;             /*背景色为粉色*/
  }
  </style>
 </head>
 <body>
 <div id="one">1</div>
```

```
    <div id="two">2</div>
    <div id="three">3</div>
  </body>
</html>
```

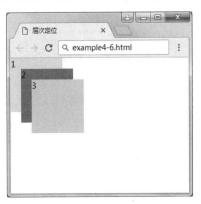

图 4-7　没有设置层叠次序

在例 4-6 中，如果想改变三个<div>块元素的层叠显示次序，则可以通过以下样式设置替换 example4-6.htm 中<style>样式的设计内容，在浏览器中的显示结果如图 4-8 所示。

```
<style>
 div{
    height:100px;               /*高度 100 像素*/
    width:100px;                /*宽度 100 像素*/
    position:absolute;          /*使用绝对定位，z-index 才起作用*/
    top:0px;                    /*距顶端 0 像素*/
    left:0px;                   /*距左边界 0 像素*/
    background:yellow;          /*背景色为黄色*/
    Z-index:2;                  /*层叠次序号为 2*/
 }
 #two {
    top:0px;                    /*距顶端 0 像素*/
    left:0px;                   /*距左边界 0 像素*/
    background:grey;            /*背景色为灰色*/
    Z-index:1;                  /*层叠次序号为 1*/
 }
 #three{
    top:0px;                    /*距顶端 0 像素*/
    left:0px;                   /*距左边界 0 像素*/
    background:pink;            /*背景色为粉色*/
    Z-index:0;                  /*层叠次序号为 0*/
 }
</style>
```

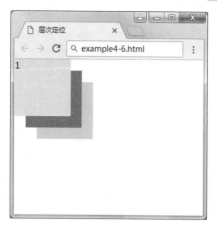

图 4-8 设置层叠次序

4.1.4 浮动

1. 概述

浮动的框可以向左或向右移动，直到其外边缘碰到包含框或另一个浮动框的边框为止。由于浮动框不在文档普通流中，所以文档普通流中的块元素表现得就像浮动框不存在一样。例如，把不浮动的图 4-9 中框 1 向右浮动时，该框脱离文档流并且向右移动，直到该框的右边缘碰到包含框的右边缘，如图 4-10 所示。

在图 4-9 中，如果让框 1 向左浮动，则框 1 会脱离文档流并且向左移动，直到其左边缘碰到包含框的左边缘。因为框 1 不再处于文档流中，所以不占据空间，实际上覆盖住了框 2，导致框 2 从视图中消失，如图 4-11 所示。

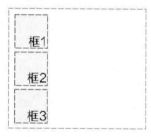
图 4-9 不浮动框

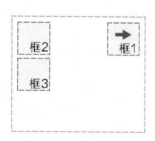
图 4-10 右浮动框

图 4-11 仅框 1 左浮动

如果把所有三个框都向左移动，那么框 1 向左浮动直到碰到包含框，另外两个框向左浮动直到碰到前一个浮动框，如图 4-12 所示。

如果包含框太窄，无法容纳水平排列的三个浮动块，那么其他浮动块向下移动，直到有足够的空间，如图 4-13 所示；如果浮动元素的高度不同，那么当向下移动时可能被其他浮动元素"卡住"，如图 4-14 所示。

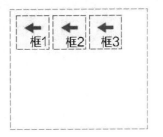
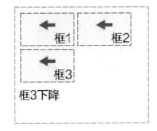
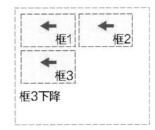

图 4-12　三个框都左浮动　　　图 4-13　父框宽度不够　　　图 4-14　框下浮

2．浮动属性

（1）float 属性。在 CSS 中，通过 float 属性可以实现元素的浮动，而且可以定义是向哪个方向浮动。在 CSS 中，任何元素都可以浮动，并且浮动元素会生成一个块级框，而不论本身是何种元素。float 属性的属性值及说明如表 4-1 所示。

表 4-1　float 属性值及说明

值	说　　明
left	元素向左浮动
right	元素向右浮动
none	默认值。元素不浮动，并会显示在其文本中出现的位置
inherit	规定应该从父元素继承 float 属性的值

（2）clear 属性。clear 属性规定元素的哪一侧不允许出现浮动元素。在 CSS 中是通过自动为清除元素（即设置了 clear 属性的元素）增加上外边距实现的。例如，图像的左侧和右侧均不允许出现浮动元素，其设置代码如下所示：

```
img
  {
    float:left;        /*左浮动*/
    clear:both;        /*左右两侧都不允许出现浮动元素*/
  }
```

程序代码 4-7 说明 CSS 浮动在网页中的综合使用方法，完成的是一个主页的设计，其在浏览器中的运行结果如图 4-15 所示。

例 4-7　example4-7.htm

```
<!doctype html>
<html>
  <head>
<meta charset="utf-8">
<title>浮动</title>
<style>
*{                      /*选中所有元素*/
margin:0px;             /*外边距为 0 像素*/
```

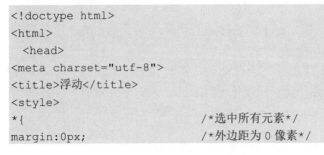

扫一扫，看视频

```
    padding:0px;                    /*内边距为 0 像素*/
}


html,body{                          /*选中 html、body 元素*/
    width:100%;                     /*宽度为 100%*/
    height:100%;                    /*高度为 100%*/
    background:#FFC;                /*背景色为#FFC*/
}
div.container{                      /*选中整个主页盒子*/
    width:80%;                      /*宽度为 80%*/
    height:100%;                    /*高度为 100%*/
    background:#CF3;                /*背景色为#CF3*/
    margin:0 auto;                  /*盒子居中*/
}
div.header,div.footer{              /*选中主页的页眉和页脚*/
    color:white;
    background-color:gray;          /*背景颜色#CF3*/
    clear:left;                     /*清除左浮动*/
    text-align:center;              /*文字居中对齐*/
    height:80px;                    /*高度为 80 像素*/
    line-height:80px;               /*行高与 height 属性值相同，目的使文字垂直方向居中*/
}
div.middle{
    background-color:pink;          /*背景颜色为粉色*/
    height:502px;                   /*高度为 502 像素*/
}
div.left,div.content,div.right{/*选中主页内容中间的三个块元素*/
    float:left;                     /*左浮动，使三个块元素横向排列*/
    background:yellow;              /*背景色为黄色*/
    height:100%;                    /*高度为 100%*/
    width:70%;                      /*宽度为 70%*/
}
div.left,div.right{                 /*选中主页内容左右的两个块元素*/
    background-color:#99F;          /*背景颜色#99F*/
    width:15%;                      /*宽度为 15%*/
}
</style>
</head>
<body>
  <div class="container">
    <div class="header">
        <h1 class="header">数学与计算机学院</h1>
    </div>
    <div class="middle">
        <div class="left">
            <p> Web 程序设计基础——HTML、CSS、Javascript</p>
```

```
        </div>
        <div class="content">
            <h2>CSS 样式表的作用</h2>
            <p>http://www.whpu.edu.cn/div_css</p>
            <p>希望认真学习 CSS 样式表，制作精彩的网页！</p>
        </div>
        <div class="right">
            <p> Web 程序设计课程实验显示</p>
        </div>
    </div>
    <div class="footer">
        版权：2019 艺丹小组
    </div>
  </div>
  </body>
</html>
```

图 4-15　浮动

4.1.5　溢出与剪切

在盒子模型中代表块元素的矩形对象，可以通过 CSS 样式来定义内容区域的高度与宽度。当这个内容无法容纳子矩形对象时，必须决定这些子矩形对象怎么显示，显示什么，这样的处理规则就称为溢出处理。浏览器在做显示运算的时候，会依照溢出处理来计算内容区域无法容纳的子矩形对象在浏览器上的显示方式。

（1）visible：当开发人员将矩形对象的 overflow 属性设置为 visible 时，如果内容区域的大小能够容纳子矩形对象，浏览器会正常显示子矩形对象；当内容区域无法容纳子矩形区域时，浏览器会在内容区域之外显示完整的子矩形对象。

（2）hidden：当开发人员将矩形对象的 overflow 属性设置为 hidden 时，如果内容区域的大小能够容纳子矩形对象，浏览器会正常显示子矩形对象；当内容区域无法容纳子矩形区域时，浏览器会显示内容区域之内的子矩形对象，超出内容区域的则不显示。

（3）scroll：当开发人员将矩形对象的 overflow 属性设置为 scroll 时，如果内容区域的大小能够容纳子矩形对象，浏览器会正常显示子矩形对象，并且显示预设滚动条；当内容区域无法容纳子矩形区域时，浏览器会在内容区域之内显示完整的子矩形对象，同时显示滚动条并启用滚动条功能，让用户能够通过滚动条浏览完整的子矩形对象。

（4）auto：当开发人员将矩形对象的 overflow 属性设置为 auto 时，如果内容区域的大小能够容纳子矩形对象，浏览器会正常显示子矩形对象；当内容区域无法容纳子矩形区域时，浏览器会在内容区域之内显示完整的子矩形对象，同时显示滚动条并启用滚动条功能，让用户能够通过滚动条浏览完整的子矩形对象。

例 4-8 说明 CSS 溢出在网页中的使用方法，其在浏览器中的运行结果如图 4-16 所示。

例 4-8　example4-8.html

```
<!doctype html>
<html>
  <head>
  <meta charset="utf-8"
  <title>溢出</title>
  <style>
  .mainBox {
      width:100px;              /*宽度为 100 像素*/
      height:100px;             /*高度为 100 像素*/
      background:pink;          /*背景色为粉色*/
      position:relative;        /*相对定位，即主盒子设为移动参考点*/
      overflow:visible;         /*溢出部分可见*/
  }
  .subBox{
      width:200px;              /*宽度为 200 像素*/
      height:50px;              /*高度为 50 像素*/
      background:yellow;        /*背景色为黄色*/
      position:absolute;        /*绝对定位，即子盒子为移动元素*/
      top:20px;                 /*子盒子向下移动 20 像素*/
      left:20px;                /*子盒子向左移动 20 像素*/
  }
  </style>
  </head>
  <body>
  <div class="mainBox">
    <div class="subBox"></div>
  </div>
 </body>
</html>
```

扫一扫，看视频

在程序代码 example4-8.html 中，如果将主盒子的"overflow:visible;"改成"overflow:hidden;"，则表示主盒子的溢出部分不可见并被裁剪，如图 4-17 所示。

图 4-16 溢出可见

图 4-17 溢出不可见

这里需要特别强调的是，子盒子使用了绝对定位，表示脱离了普通文档流，如果不对主盒子使用相对定位，则通过"overflow:hidden;"将无法裁剪子盒子的溢出部分。

4.1.6 对象的显示与隐藏

对于块状对象而言，除了可以设置溢出与剪切之外，还可以对整个块设置显示或隐藏。显示或隐藏与溢出、剪切不同，溢出与剪切所影响的只是对象的局部（当然也可以将局部扩大到全部），而显示与隐藏影响的是整个对象。

在 CSS 中，display 属性设置一个元素如何显示，visibility 属性指定一个元素可见还是隐藏。隐藏一个元素可以通过把 display 属性设置为 none，或把 visibility 属性设置为 hidden。注意这两种方法会产生不同的结果。

1. visibility 属性

在 CSS 中可以使用 visibility 属性设置对象是否可见，该属性的语法格式如下：

```
visibility: visible | hidden ;
```

以上代码的属性值代表的含义如下。

➢ visible：对象可见。

➢ hidden：对象不可见。

visibility:hidden 可以隐藏某个元素，但隐藏的元素仍需占用与未隐藏之前一样的空间。也就是说，该元素虽然被隐藏了，但仍然会影响布局。

例 4-9 中通过 visibility 属性设置横向菜单的某一个对象隐藏，重点理解 visibility 属性隐藏对象的特性，即对象虽然隐藏，但是对象占据的位置并没有让出，在浏览器中的显示结果如图 4-18 所示。

例 4-9　example4-9.html

```
<!doctype html>
<html>
  <head>
```

```
<meta charset="utf-8">
<title>对象的隐藏</title>
<style>
.c1 ul{
  list-style: none;              //列表样式为无
}
.c1 li{
  border:1px black solid;
  background-color:yellow;       //背景色为黄色
  font-size:24px;                //文字大小为24像素
  width:100px;                   //宽度为100像素
  height:40px;                   //高度为40像素
  line-height:40px;              //行高为40像素，目的是让文字垂直居中
  text-align: center;            //文字水平居中
  float:left;                    //左浮动，目的是菜单水平排列
}
.c1 ul li.setHiddin{
  visibility:hidden;             //设置隐藏效果，但仍然占据所占位置
}
</style>
</head>
  <body>
<div class="c1">
 <ul>
  <li><a href="#">首页</a></li>
  <li class="setHiddin"><a href="#">新闻</a></li>
  <li><a href="#">娱乐</a></li>
  <li><a href="#">科技</a></li>
  <li><a href="#">财经</a></li>
 </ul>
</div>
</body>
</html>
```

图 4-18　visibility 属性设置元素隐藏

2. display 属性

display:none 同样可以隐藏某个元素，且隐藏的元素不会占用任何空间。也就是说，该元

素不但被隐藏了，而且该元素原本占用的空间也会从页面布局中消失。

把例 4-9 改成 display:none 方式进行隐藏，在浏览器中的显示结果如图 4-19 所示。

```
.c1 ul li.setHiddin{
    display:none;          //设置隐藏效果，但所占位置已释放
}
```

图 4-19　display 属性设置元素隐藏

4.2　盒子模型

4.2.1　盒子模型概述

HTML 文档中的每个元素都被描绘成矩形盒子，这些矩形盒子通过一个模型来描述其占用的空间，这个模型称为盒子模型。盒子模型用四个边界描述：margin（外边距），border（边框），padding（内边距），content（内容区域），如图 4-20 所示。

盒子模型中最内部分是实际显示元素的内容，内容所占高度由 height 属性决定，内容所占宽度由 width 属性决定，直接包围内容的是内边距（padding），内边距指显示的内容与边框之间的间隔距离，并且会显示内容的背景色或背景图片，包围内边距的是边框（border），边框以外是外边距（margin），外边距指该盒子与其他盒子之间的间隔距离。如果设定背景色或者图像，则会应用于由内容和内边距组成的区域。对于浏览器来说，网页其实是由多个盒子嵌套排列的结果。

浏览器默认会把某些 HTML 元素的外边距和内边距设置一定的初值，用户在进行网页内容布局时如果造成不可预计的错误，可以选中某个元素并设置其 margin 和 padding 的值为 0 来改变其样式，也可以使用通用选择器对所有元素进行设置，其代码如下：

```
* {                        /*通用选择器，选中网页中的所有元素*/
    margin: 0;             /*外边距清 0*/
    padding: 0;           /*内边距清 0*/
}
```

在 CSS 中，增加内边距、边框和外边距不会影响内容区域的尺寸大小，但是会增加元素框的总尺寸。假设框的每个边上有 10 像素的外边距和 5 像素的内边距。如果希望这个元素框达到 100 像素，就需要将内容的宽度设置为 70 像素，框模型如图 4-21 所示，CSS 样式的定义

方法如下：

```
#box {
  width: 70px;          //内容的宽度为 70 像素
  margin: 10px;         //外边距为 10 像素
  padding: 5px;         //内边距为 5 像素
}
```

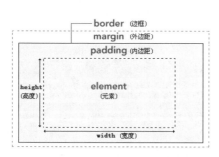

图 4-20　CSS 框模型

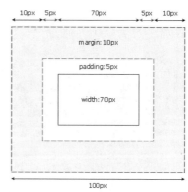

图 4-21　CSS 框模型实例

4.2.2　外边距

元素的外边距指盒子模型的边框与其他盒子之间的距离，使用 margin 属性定义。margin 的默认值是 0。外边距没有继承性，也就是说给父元素设置的 margin 值并不会自动传递到子元素中。margin 属性是在一个声明中设置所有的外边距属性，该属性可以有 1~4 个值，表示的含义如下：

（1）margin: 10px;　　　　　　　//表示 4 个方向的外边距都是 10px

（2）margin: 10px 5px;　　　　　//表示上下外边距是 10px，左右外边距是 5px

（3）margin: 10px 5px 15px;　　　//表示上外边距是 10px，左右外边距是 5px，下外边

　　　　　　　　　　　　　　　//距是 15px

（4）margin: 10px 5px 15px 20px;　//表示上外边距是 10px，右外边距是 5px，下外边距

　　　　　　　　　　　　　　　//是 15px，右外边距是 20px

设置四个外边距的顺序从上开始，然后按照上、右、下、左的顺时针方向设置，也可以使用 margin-top、margin-right、margin-bottom 和 margin-left 四个属性对上外边距、右外边距、下外边距和左外边距分别设置。

margin 外边距合并有以下原则：

（1）块级元素的垂直相邻外边距会合并，且其垂直相邻外边距合并之后的值为上元素的下外边距和下元素的上外边距的较大值。

（2）行内元素实际上不占上下外边距，行内元素的左右外边距不会合并。

（3）浮动元素的外边距不会合并。

例 4-10 制作了一个左右固定、中间自适应的网页布局，即中间的区域会根据浏览器宽度的变化而变化，这种布局俗称为双飞翼，这种布局的好处是主要内容先加载优化；在浏览器上的兼容性非常好；其他的布局方式可以通过调整相关 CSS 属性实现。例 4-10 在浏览器中的显示结果如图 4-22 和图 4-23 所示。

例 4-10　example4-10.html

```html
<!doctype html>
<html>
  <head>
    <meta charset="utf-8">
    <title>双飞翼布局</title>
    <style>
        * {                              //选中所有元素
            margin: 0;                   //外边距清 0
            padding: 0;                  //内边距清 0
        }
        div {                            //选中所有 DIV 元素
            color: #fff;                 //前景色为#fff
            height: 200px;               //高度为 200 像素
        }
        .center {                        //center 类
            float: left;                 //左浮动
            width: 100%;                 //宽度 100%
        }
        .center .content {               //center 类中的 content 类
            //外边距上为 0，右为 210px(让出显示右边内容占 200px 的距离)
            //下为 0，左为 110px(让出显示左边内容占 100px 的距离)
            margin: 0 210px 0 110px;
            background: orange;          //背景色为 orange
        }
        .left {                          //类 left
            float: left;                 //左浮动
            width: 100px;                //宽度为 100px
            margin-left: -100%;          //左外边距为-100%
            background: green;           //背景色为 green
        }
        .right {                         //类 right
            float: left;                 //左浮动
            margin-left: -200px;         //左外边距为-200px
            width: 200px;                //宽度为 200px
            background: green;           //背景色为 green
        }
    </style>
  </head>
  <body>
```

```
      <div class="center">
         <div class="content">center</div>
      </div>
      <div class="left">left</div>
      <div class="right">right</div>
   </body>
</html>
```

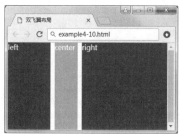

图 4-22　双飞翼布局

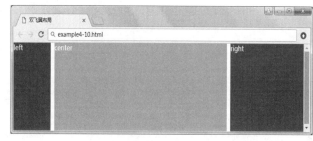

图 4-23　改变窗口大小后的双飞翼布局

例 4-11 是 margin 的另外一种应用，制作一个 DIV 块元素，让其在浏览器的正中间显示，首先让其左上角定位到浏览器窗口的正中间，然后把移动元素的中心点放在浏览器的正中间，在浏览器中的显示结果如图 4-24 所示。

例 4-11　example4-11.html

```
<!doctype html>
<html>
  <head>
    <meta charset="utf-8">
    <title>水平垂直局中</title>
    <style>
    div {
      width: 100px;              //宽度为 100 像素
      height: 100px;             //高度为 100 像素
      position: absolute;        //绝对定位
      left: 50%;                 //距浏览器左边框 50%
      top: 50%;                  //距浏览器顶端 50%
      margin-left: -50px;        //盒子向左移为 50 像素
      margin-top: -50px;         //盒子向上移为 50 像素
      background: orange;        //背景色为橘色
    }
    </style>
  </head>
  <body>
      <div></div>
  </body>
</html>
```

扫一扫，看视频

135

图 4-24　DIV 水平垂直居中

4.2.3　CSS 边框

元素的边框（border）是围绕元素内容和内边距的一条或多条线。CSS 中使用 border 属性设置元素边框的样式、宽度和颜色。

CSS 规范指出，边框线是绘制在"元素的背景之上"。这样当有些边框是"间断的"（例如，点线边框或虚线框），元素的背景就出现在边框的可见部分之间。每个边框有三个方面的主要属性：宽度、样式、颜色，其简化定义方式如下：

```
border :  宽度  样式  颜色;
```

在 CSS 边框的定义中，还可以对边框的四条边分别定义样式、宽度和颜色，其设定的属性及说明如表 4-2 所示。

表 4-2　CSS 边框的属性及说明

属　　性	说　　明
border	用于把针对四条边的属性设置在一个声明中
border-style	用于设置元素所有边框的样式，或者单独为各边设置边框样式
border-width	用于为元素的所有边框设置宽度，或者单独为各边框设置宽度
border-color	设置元素的所有边框中可见部分的颜色，或为四条边分别设置颜色
border-bottom	用于把下边框的所有属性设置到一个声明中
border-bottom-color	设置元素的下边框的颜色
border-bottom-style	设置元素的下边框的样式
border-bottom-width	设置元素的下边框的宽度
border-left	简写属性，用于把左边框的所有属性设置到一个声明中
border-left-color	设置元素的左边框的颜色
border-left-style	设置元素的左边框的样式
border-left-width	设置元素的左边框的宽度
border-right	简写属性，用于把右边框的所有属性设置到一个声明中
border-right-color	设置元素的右边框的颜色
border-right-style	设置元素的右边框的样式

属　　性	说　　明
border-right-width	设置元素的右边框的宽度
border-top	简写属性，用于把上边框的所有属性设置到一个声明中
border-top-color	设置元素的上边框的颜色
border-top-style	设置元素的上边框的样式
border-top-width	设置元素的上边框的宽度

在 CSS 中使用 border-style 属性可以定义 10 种不同的边框样式，如表 4-3 所示。例如，可以把一幅图片的边框定义为 outset 样式，代码如下：

```
a:link img {
    border-style: outset;
}
```

表 4-3　边框样式

值	说　　明
none	定义无边框
hidden	与 none 相同。但应用于表时除外，对于表，hidden 用于解决边框冲突
dotted	定义点状边框。在大多数浏览器中呈现为实线
dashed	定义虚线。在大多数浏览器中呈现为实线
solid	定义实线
double	定义双线。双线的宽度等于 border-width 的值
groove	定义 3D 凹槽边框。其效果取决于 border-color 的值
ridge	定义 3D 垄状边框。其效果取决于 border-color 的值
inset	定义 3Dinset 边框。其效果取决于 border-color 的值
outset	定义 3Doutset 边框。其效果取决于 border-color 的值

边框的宽度可以通过 border-width 属性指定。为边框指定宽度有两种方法：可以指定长度值，例如 2px；或者使用 3 个关键字，分别是 thin、medium（默认值）和 thick。如下代码是设置边框的宽度：

```
p {
    border-style: solid;
    border-width: 5px;
}
```

在 CSS 中使用 border-color 属性来设定边框的颜色，且一次可以接受最多 4 个颜色值。该属性可以使用任何类型的颜色值，包括命名颜色（例如 red）、十六进制值（例如#ff0000）和 RGB 值 rgb(25%,35%,45%)。如下代码是设定颜色值的样式定义：

```
p {
    border-style: solid;
```

```
    border-color: blue rgb(25%,35%,45%) #909090 red;
}
```

例 4-12 说明 CSS 边框属性在网页中的使用方法，在浏览器的运行结果如图 4-25 所示。

例 4-12　example4-12.html

```
<!doctype html>
<html>
  <head>
    <meta charset="utf-8">
    <title>边框样式</title>
    <style>
    p{
      border: medium double rgb(250,0,255)
    }
    p.soliddouble {
        border-width:10px;
        border-style: solid double;
        border-top-color:green;
    }
    </style>
  </head>
  <body>
    <p>文档中的一些文字</p>
    <p class="soliddouble">文档中的一些文字</p>
  </body>
</html>
```

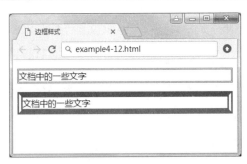

图 4-25　CSS 边框

由图 4-25 可以看出上、下、左、右边框交界处会呈现平滑的斜线。利用这个特点，通过设置不同的上、下、左、右边框的宽度或颜色，可以得到三角形、梯形、圆形等。例 4-13 利用边框线的样式制作正方形、矩形、梯形、平行四边形、三角形、空心圆等图形，注意 CSS 样式定义的方法，在浏览器中的显示结果如图 4-26 所示。

例 4-13　example4-13.html

```
<!doctype html>
<html>
 <head>
 <meta charset="utf-8">
 <title>边框样式</title>
 <style>
   #box{                                    //选中#box 的 DIV 块元素
       width:600px;                         //宽度为 600 像素，目的是一行显示三个图形
   }
   #box div{                                //选中#box 中的 DIV 块元素
      float:left;                           //左浮动，目的是让 DIV 块元素横向排列
      margin:10px;                          //DIV 块元素之间拉开 10 像素间隔
      background: #669;                     //背景色为#669


   }
   /*正方形*/
   .Square {
      width:100px;                          //宽度为 100 像素
      height:100px;                         //高度为 100 像素
   }
   /*矩形*/
   .rectangle {
      width:200px;                          //宽度为 200 像素
      height:100px;                         //高度为 100 像素
   }
   /*梯形*/
   .trapezoid {
      border-bottom: 100px solid #669;      //下边框粗 100px，实心线，颜色为#669
      border-left: 50px solid transparent;  //左边框粗 50 像素，实心线，透明色
      border-right: 50px solid transparent; //右边框粗 50 像素，实心线，透明色
      height: 0;                            //高度为 0 像素
      width: 100px;                         //宽度为 100 像素
   }
   /*平行四边形*/
   .parallelogram {
      width:150px;                          //宽度为 150 像素
      height:100px;                         //高度为 100 像素
      transform: skew(-20deg);              //倾斜-20 度
      margin-left:20px;                     //左外边距为 20 像素
   }
   /*三角形*/
   .triangle-up {
      width:0px;                            //宽度为 0 像素
      height:0px;                           //高度为 0 像素
      border-left: 50px solid transparent;     //左外框线粗 50 像素，实心线，透明
```

```
        border-right: 50px solid transparent;  //左外框线粗50像素，实心线，透明
        border-bottom: 100px solid #669;       //底外框线粗100px，实心线，颜色为#669
    }
    /*空心圆*/
    .circle-circle {
        width:100px;                           //宽度为100像素
        height:100px;                          //高度为100像素
        border:20px solid #669;                //边框线粗20px，实心线，颜色为#669
        background: #fff;                       //背景色为#fff
        border-radius: 100px;                  //边框圆角半径为100px
    }
</style>
</head>
<body>
<div id="box">
  <div class="Square"></div>
  <div class="rectangle"></div>
  <div class="trapezoid"></div>
  <div class="parallelogram"></div>
  <div class="triangle-up"></div>
  <div class="circle-circle"></div>
</div>
</html>
```

图 4-26　特殊样式边框

4.2.4　内边距

内边距指盒子模型的边框与显示内容之间的距离，使用 padding 属性定义。例如，设置 h1 元素的各边都有 10 像素的内边距，其代码如下：

```
h1 {padding: 10px;}
```

上面设置 h1 元素的各边都有 10 像素的内边距，如果需要设置各内边距不同时，可以按照上、右、下、左的顺序分别设置各边的内边距，各边均可以使用不同的单位或百分比值，例如下面的代码：

```
h1 {padding: 5px 6px 7px 8px;}
```

上面代码中的四个值代表的含义是上内边距 5px、右内边距 6px、下内边距 7px、左内边距 8px。另外可以通过 padding-top、padding-right、padding-bottom、padding-left 四个单独的属性，分别设置上、右、下、左内边距，即上面的代码可以使用下面的方式进行定义：

```
h1 {
    padding-top: 10px;
    padding-right: 10px;
    padding-bottom: 10px;
    padding-left: 10px;
}
```

例 4-14 说明 CSS 内边距属性在网页中的使用方法，在浏览器中的运行结果如图 4-27 所示。

例 4-14　example4-14.html

```
<!doctype html>
<html>
  <head>
  <meta charset="utf-8">
  <title>CSS 内边距</title>
  <style>
  td.test1 {
      padding:20px;              //显示内容与边框四个边的距离都是 20 像素
  }
  td.test2 {
      padding:50px,40px;         //显示内容距离上下边框 50 像素，距离左右边框 40 像素
  }
  </style>
  </head>
  <body>
<table border="1">
  <tr>
    <td class="test1">
            这个表格单元的每个边拥有相等的内边距。
    </td>
  </tr>
</table>
<br/>
<table border="1">
  <tr>
    <td class="test2">
      这个表格单元的上和下内边距是 50px，左和右内边距是 40px。
    </td>
```

扫一扫，看视频

```
      </tr>
   </table>
   </body>
</html>
```

图 4-27　CSS 内边距

4.3　DIV+CSS 网页布局技巧

使用 CSS 布局，虽然比使用表格布局简洁、方便，但是 DIV 与表格有很大的区别，特别是对从表格布局转向 CSS 布局的开发者来说，CSS 布局没有表格布局容易控制。使用表格布局，只要将表格划分好就可以在单元格里填入内容；而使用 CSS 布局时，很多开发者觉得 DIV 层不知道要如何控制，总是无法将其摆放到想要放置的位置上。本节总结了一些在网站上常用的网页布局模式，并介绍如何在 CSS 中处理这样的布局模式。

4.3.1　两栏布局

两栏布局是将网页分为左侧和右侧两列，这种布局方式也是网络中用得比较多的布局。两栏布局的实现方法如下：

（1）创建两个层，再设置两个层的宽度。

（2）设置两栏并列显示。

例 4-15 说明如何设置两栏布局的网页结构，在浏览器中的运行结果如图 4-28 所示。

例 4-15　example4-15.html

```
<!doctype html>
<html>
  <head>
    <meta charset="utf-8">
    <title>CSS 两栏布局</title>
  </head>
  <style>
    * {                        /*选中所有元素*/
      margin: 0;               /*外边距清 0*/
```

扫一扫，看视频

```
        padding: 0;                 /*内边距清 0*/
    }
    .container{                     /*选中类 container */
        width: 410px;               /*宽度为 410 像素*/
        height: 200px;              /*高度为 200 像素*/
    }

    .left{                                /*选中 left 类*/
        background-color: yellow;         /*背景色为黄色*/
        float: left;                      /*左浮动*/
        height: 100%;                     /*高度为父元素的大小，即100%*/
        width:100px;                      /*宽度为 100 像素*/
    }
    .right{                               /*选中 right 类*/
        background-color: red;            /*背景色为红色*/
        margin-left: 10px;                /*左外边距为 10 像素*/
        float: left;                      /*左浮动*/
        height:100%;                      /*高度为父元素的大小，即100%*/
        width:300px;                      /*宽度为 300 像素*/
    }
    .container::after{                    /* 类 container 的 after 伪属性 */
        content: '';                      /*内容为空*/
        display: block;                   /*display 属性设置为块属性*/
        visibility: hidden;               /*可见性为隐藏*/
        clear: both                       /*清除块两端的浮动*/
    }
</style>
<body>
    <div class=container>
        <div class=left>左分栏</div>
        <div class=right>右分栏</div>
    </div>
</body>
</html>
```

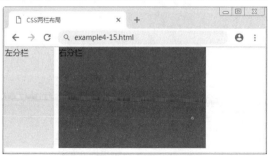

图 4-28　两栏布局

例 4-15 中为右分栏设置左边距 10 像素，因此两列之间有间距，运行后从图 4-28 中可以看出。当然也可以在左分栏中设置右边距来达到同样的效果，这些方面读者可以灵活运用。

4.3.2 多栏布局

将一个元素中的内容分为两栏或多栏显示，并且确保各栏中内容的底部对齐，叫作多栏布局。多栏布局先把网页通过 DIV 块划分成多个区域，再在这些区域内添加相关内容，以达到网页制作的要求。

例 4-16 中首先把网页分成三行，分别是头部、内容和页脚；再把内容部分分成左、中、右三列；最后把内容部分的中间一列分成两行，通过该例让读者理解如何对网页进行多栏划分，在浏览器中的运行结果如图 4-29 所示。

例 4-16　example4-16.html

```
<!doctype html>
<html>
  <head>
    <meta charset="UTF-8" />
    <title>多栏布局</title>
    <style type="text/css">
        /*将多个 div 块的共性单独抽出来然后列举，减少代码量*/
        .header,.footer{
            width:500px;
            height:100px;
            background:pink;
        }
        .main{
            width:500px;
            height:300px;
        }
        .left,.right{
            width:100px;
            height:300px;
        }
        .content-top,.content-bot{
            width:300px;
            height:150px;
        }
        /*开始修饰*/
        .left{
            background:#C9E143;
            float:left;
        }
        .content-top{
            background:#FF0000;
```

扫一扫，看视频

```
        }
        .content-bot{
            background:#FFA500;
        }
        .content{
            float:left;
        }
        .right{
            background:black;
            float:right;
        }
    </style>
  </head>
<body>
    <div class="header"></div>
    <div class="main">
        <div class="left"></div>
        <div class="content">
            <div class="content-top"></div>
            <div class="content-bot"></div>
        </div>
        <div class="right"></div>
    </div>
    <div class="footer"></div>
</body>
</html>
```

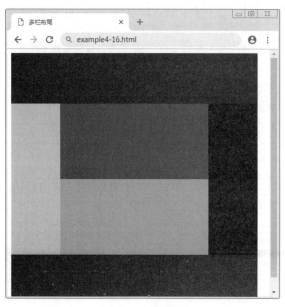

图 4-29　多栏布局

4.4　CSS 高级应用

在传统的 Web 设计中，当网页中需要显示动画或特效时，需要使用 JavaScript 脚本或者用 Flash 来实现。CSS3 提供了对动画的强大支持，可以实现旋转、缩放、移动和过渡等效果。

4.4.1　过渡

CSS3 提供了强大的过渡属性，可以在不使用 Flash 动画或者 JavaScript 脚本的情况下，为元素从一种样式转变为另一种样式时添加效果，如渐显、渐弱、动画快慢等。在 CSS3 中，过渡通过以下属性实现：

➢ transition-property 属性：规定设置过渡效果的 CSS 属性的名称。

➢ transition-duration 属性：规定完成过渡效果需要多少秒或毫秒。

➢ transition-timing-function：规定速度效果的速度曲线。

➢ transition-delay：定义过渡效果何时开始。

1. transition-property 属性

该属性规定应用过渡效果的 CSS 属性的名称（当指定的 CSS 属性改变时，过渡效果将开始）。需要说明的是，过渡效果通常在用户将鼠标指针浮动到元素上时发生。其语法格式如下：

```
transition-property: none|all|property;
```

在上面的语法格式中，transition-property 属性的取值包括 none、all 和 property，具体说明如表 4-4 所示。

表 4-4　transition-property 属性值及说明

值	说　　明
none	没有属性会获得过渡效果
all	所有属性都将获得过渡效果
property	定义应用过渡效果的 CSS 属性的名称列表，列表以逗号分隔

2. transition-duration 属性

该属性规定完成过渡效果所花的时间（以秒或毫秒计），默认值为 0，表示没有过滤效果。其语法格式如下：

```
transition-duration: time;
```

3. transition-timing-function 属性

该属性规定过渡效果的速度曲线，并且允许过渡效果随着时间来改变其速度，该属性的默认值是 ease。

```
transition-timing-function:linear|ease|ease-in|ease-out
```

```
|ease-in-out|cubic-bezier(n,n,n,n);
```

从上述语法可以看出，transition-timing-function 属性的取值很多，常见属性值及说明如表 4-5 所示。

表 4-5　transition-timing-function 属性值及说明

值	说　　明
linear	规定以相同速度开始至结束的过渡效果（等于 cubic-bezier(0,0,1,1)）
ease	规定慢速开始，然后变快，然后慢速结束的过渡效果（cubic-bezier(0.25,0.1,0.25,1)）
ease-in	规定以慢速开始的过渡效果（等于 cubic-bezier(0.42,0,1,1)）
ease-out	规定以慢速结束的过渡效果（等于 cubic-bezier(0,0,0.58,1)）
ease-in-out	规定以慢速开始和结束的过渡效果（等于 cubic-bezier(0.42,0,0.58,1)）
cubic-bezier(n,n,n,n)	在 cubic-bezier 函数中定义自己的值。可能的值是 0 至 1 之间的数值

4. transition-delay 属性

该属性规定过滤效果何时开始，默认值为 0，其常用单位是秒或毫秒。transition-delay 的属性值可以为正整数、负整数和 0。当设置为负数时，过渡动作会从该时间点开始，之前的动作被截断；设置为正数时，过渡动作会延迟触发。其基本语法格式如下：

```
transition-delay: time;
```

5. transition 属性

transition 属性是一个复合属性，用于在一个属性中设置 transition-property、transition-duration、transition-function、transition-delay 四个过渡属性。其基本语法格式如下：

transition: property duration function delay;

在使用 transition 属性设置多个过渡效果时，各个参数值必须按照顺序定义，不能随意颠倒。

例 4-17 中定义了一个正方形 DIV 块，当鼠标指针移到该 DIV 块上时，这个正方形会慢慢过渡到矩形，并且颜色由红色慢慢过渡到蓝色，当鼠标指针从该 DIV 块移出时又重新过渡到正方形和红色。通过该例让读者理解过渡的设计方式，在浏览器中的运行结果如图 4-30 和图 4-31 所示。

例 4-17　example4-17.html

```
<!doctype html>
<html>
  <head>
    <meta charset="UTF-8" />
    <title>过渡属性</title>
    <style>
      .box {
          width: 200px;              /* 宽度为 200 像素 */
          height: 200px;             /* 高度为 200 像素 */
```

扫一扫，看视频

```
        border: 1px solid #000;  /* 边框为 1 像素、实心线、黑色 */
        margin: 100px auto;       /*上下外边距为 100 像素, 左右外边距自适应 */
        background-color: red;  /* 背景色为红色 */

        /* 部分属性定义过渡(动画) */
        /* 宽度用 2 秒过渡, 背景色用 1 秒过渡,多个属性之间用","号隔开 */
        transition: width 2s,background-color 1s;
        transition: width 2s linear;             /* 匀速变化(默认速度由快变慢) */
        transition: width 2s linear 1s;          /* 1s 表示延迟变化 */
        transition: all 2s;                      /* 所有属性都过渡,且效果一样 */
        /* 全部属性定义过渡 */
        transition-property: all;                /*all:表示所有属性*/
        transition-duration: 2s;                 /* 过渡持续时间 */
        transition-timing-function:ease-out;  /* 动画变幻速度:减速*/
        transition-delay: 1s;                    /* 动画延迟 */
        /*过渡属性常用的简写方式,与上面四个属性设置完成的功能相同 */
        transition:all 2s ease-in-out 1s;
    }
    .box:hover {
        width: 600px;
        background-color: blue;
    }
  </style>
 </head>
 <body>
  <div class="box"></div>
 </body>
</html>
```

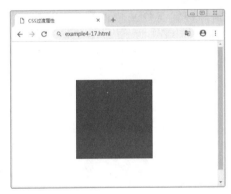

图 4-30　过渡前的效果

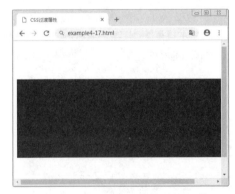

图 4-31　过渡后的效果

4.4.2　变形

CSS3 变形是一系列效果的集合，如平移、旋转、缩放和倾斜，每个效果都被称为变形函数（Transform Function），它们可以操控元素发生平移、旋转、缩放和倾斜等变化。这些效果在 CSS3 之前都需要依赖图片、Flash 或 JavaScript 才能完成。现在，使用 CSS3 就可以实现这些变形效果，而无须加载额外的文件，极大地提高了网页开发者的工作效率和页面执行速度。

通过 CSS3 中的变形操作，可以让元素生成静态视觉效果，也可以结合过渡和动画属性产生一些新的动画效果。

CSS3 的变形（transform）属性可以让元素在一个坐标系统中变形，这个属性包含一系列变形函数，可以进行元素的移动、旋转和缩放。transform 属性的基本语法如下：

```
transform: none | transform-functions;
```

在上面的语法格式中，transform 属性的默认值为 none，适用于内联元素和块元素，表示不进行变形。transform-function 用于设置变形函数，可以是一个或多个变形函数列表，该函数列表的主要函数如表 4-6 所示。

表 4-6　变形的主要函数

函　　数	说　　明
matrix(n,n,n,n,n,n)	使用六个值的矩阵
translate(x,y)	沿着 X 和 Y 轴移动元素
translateX(n)	沿着 X 轴移动元素
translateY(n)	沿着 Y 轴移动元素
scale(x,y)	缩放转换，改变元素的宽度和高度
scaleX(n)	缩放转换，改变元素的宽度
scaleY(n)	缩放转换，改变元素的高度
rotate(angle)	旋转，在参数中设置角度
skew(x-angle,y-angle)	倾斜转换，沿着 X 和 Y 轴
skewX(angle)	倾斜转换，沿着 X 轴
skewY(angle)	倾斜转换，沿着 Y 轴

例 4-18 中定义了 4 个正方形 DIV 块，并对这 4 个正方形进行相应的变形，在浏览器中的运行结果如图 4-32 所示。通过该例帮助读者理解变形函数的使用方法，注意这些变形函数的参数书写方式及所代表的含义。

例 4-18　example4-18.html

```
<!doctype html>
<html>
  <head>
    <meta charset="UTF-8" />
    <title>CSS 变形</title>
    <style>
        div {
```

扫一扫，看视频

```
            width: 100px;
            height: 100px;
            border: 1px solid #000;
            background-color: red;
            float:left;
            margin:50px;
        }
        .box-one{
            transform: rotate(30deg);/*旋转 30 度*/
        }
        .box-two{
            /*向左边移动 20 像素，向下移动 100 像素*/
            transform: translate(20px,20px);
        }
        .box-three{
            /*宽度为原始大小的 2 倍，高度为原始大小的 1.5 倍。*/
            transform: scale(2,1.5);
        }
        .box-four{
            transform: skew(30deg,20deg);/*在 X 轴和 Y 轴上倾斜 20 度和 30 度。*/
        }

    </style>
  </head>
  <body>
    <div class="box-one"></div>
    <div class="box-two"></div>
    <div class="box-three"></div>
    <div class="box-four"></div>
  </body>
</html>
```

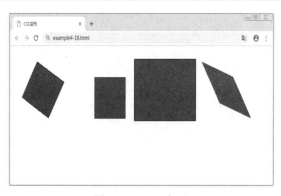

图 4-32　CSS 变形

本章小结

本章首先讲解了元素的定位属性及网页中常见的几种定位模式，说明元素的类型及相互间的转换，然后阐述了元素浮动、不同浮动方向呈现的效果、清除浮动的常用方法，再对 CSS 中的盒子模型进行详细说明，并应用前面讲到的知识进行网页的布局，最后对 CSS3 中某些最新的应用进行了简要说明。

需要强调的是各个浏览器对 CSS 的解析存在差异，可能导致在不同浏览器上显示的页面不同。为了将各个浏览器的显示页面统一起来，需要针对不同的浏览器提供不同的 CSS 代码，这个过程称为 CSS hack。

通过本章的学习，读者应该能够熟练地运用浮动和定位进行网页布局，掌握清除浮动的几种常用方法，理解元素的类型与转换。

习　题　四

一、单项选择题

1. 设置盒子模型的块元素，使其上内边距是 10px，下内边距是 20px，左内边距是 30px，右内边距是 40px，CSS 属性的设置语句是（　　）。

　　A. padding:10px　20px　30px　40px　　　　B. padding:40px　30px　20px　10px

　　C. padding:10px　40px　20px　30px　　　　D. padding:20px　10px　40px　30px

2. （　　）属性能够精确设置盒子模型的左侧外边距。

　　A. margin:　　　　B. indent:　　　　C. margin-left:　　　　D. text-indent:

3. float 属性设置错误的是（　　）。

　　A. float:left　　　　B. float:center　　　　C. float:right　　　　D. float:none

4. 设置底边框的是（　　）。

　　A. border-bottom　　B. border-top　　C. border-left　　D. border-right

5. 对对象进行定位的是（　　）。

　　A. padding　　　　B. margin　　　　C. position　　　　D. display

6. 关于 div 以下描述正确的是（　　）。

　　A. div 是类似于一行一列表格的虚线框

　　B. div 由行和列形成的单元格构成，可执行合并、拆分等操作

　　C. 由 div 布局的页面结构与表现不能分离

　　D. div 不要求用户严格遵循 CSS 支持

7. 阅读下面的 HTML 代码，在两个 div 之间的空白距离是（　　　）。

```
<style type="text/css">
.header { margin-bottom: 10px; border:1px solid #f00; }
.container { margin-top: 15px; border:1px solid #f00; }
</style>
......
<div class="header"></div>
<div class="container"></div>
......
```

    A. 0px   B. 10px   C. 15px   D. 25px

8. 在 CSS 中为页面的某个 div 标签设置样式 div{width:200px;padding:0 20px; border:5px;}，则该标签的实际宽度为（　　　）。

    A. 200px   B. 220px   C. 240px   D. 250px

二、多项选择题

1. CSS 中的 padding 属性设置的属性值可以有（　　　）个。

    A. 1   B.   C. 3   D. 4   E. 5

2. CSS 中盒子模型的属性包括（　　　）。

    A. font   B. margin   C. padding   D. visible   E. border

3. 下面关于 CSS 的说法正确的有（　　　）。

    A. CSS 可以控制网页的背景图片

    B. margin 属性的属性值可以是百分比

    C. 整个 BODY 可以作为一个 BOX

    D. 可以使用 word-spacing 属性对中文的字间距进行调整

    E. margin 属性不能同时设置四个边的边距

4. 关于边框，以下写法正确的是（　　　）。

    A. border-top-width   B. border-style   C. border-width   D. border-color

5. （　　　）属性值属于 float 属性。

    A. left   B. center   C. right   D. none

6. 下面选项中，（　　　）可以设置网页中某个标签的左边界为 5px。

    A. margin:0 5px;   B. margin:5px 0 0;

    C. margin:0 0 0 5px;   D. padding-left:5px;

三、设计分析题

1. 将以下 CSS 代码进行缩写，注意要符合缩写的规范。

（1）使用 border 属性对下列属性设置进行缩写。

```
border-width:1px;
border-color:#000;
```

```
border-style:solid;
```

（2）使用 margin 属性对下列属性设置进行缩写。

```
margin-left:20px;
margin-right:20px;
margin-bottom:5px;
margin-top:20px;
```

2. 分析下列代码并画出网页中显示的效果图。

```html
<!doctype html>
<html>
    <head>
        <meta charset="UTF-8">
        <title>习题</title>
         <style type="text/css">
            div{
                background-color:#999;
                border:2px solid #333;
                width:300px;
                height:300px;
             }
            #left {
               float:left;
            }
            #right1 {
               margin-left:50px;
               float:left ;
            }
            #right2 {
               position:absolute ;
               left:700px;
            }
        </style>
        </head>
        <body>
           <div id="left">左列</div>
           <div id="right1">右列 1</div>
           <div id="right2">右列 2</div>
        </body>
</html>
```

（1）解释上面代码中，div 标记样式定义代表的含义：_____

_____

（2）解释上面代码中，ID 为 left 的样式定义代表的含义：_____

_____

（3）解释上面代码中，ID 为 right1 的样式定义代表的含义：_____

_____

（4）解释上面代码中，ID 为 right2 的样式定义代表的含义：_____

_____

（5）画出上面代码最后实现的网页效果。

实 验 四

使用 CSS+DIV 方法完成如实验效果图 4-1 所示的网页结构布局，属性参数要求如下。

（1）body 全部对象的对齐方式是居中。

（2）盒子 container 的属性为 width:800px；边框 1px，实线，颜色#000。

（3）盒子 banner 的属性为 text-align 居中；下边界 5px，边框 1px，实线，颜色#000，background-color：#ffcc33。

（4）盒子 content 的属性为 text-align 居中；width:570px；height：300px；边框 1px，实线，颜色#000。

（5）盒子 link 的属性为 text-align 居中；边框 1px，实线，颜色#000。

（6）盒子 footer 的属性为 text-align 居中；边框 1px，实线，颜色#000。

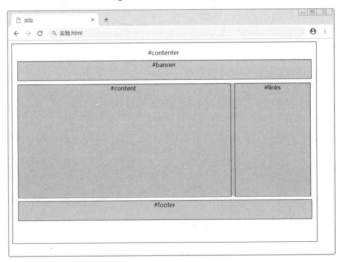

实验效果图 4-1

第 5 章

JavaScript 语言

本章知识目标：

本章主要讲解 JavaScript 语言的基础知识，主要包括 JavaScript 的运算符、流程控制语句、内置函数和自定义函数、对象的定义和引用方法。通过本章的学习，读者应该掌握以下内容：

❑ JavaScript 语言的运算符，包括算术运算符、比较运算符、逻辑运算符、位运算符、复合运算符等；

❑ JavaScript 语言的流程控制语句，包括分支语句和循环语句；

❑ JavaScript 语言的事件触发机制。

扫一扫，看 PPT

5.1　JavaScript 的基础知识

在网页制作过程中，一般通过 HTML 语言设计网页内容，通过 CSS 样式控制网页显示的风格，通过脚本语言控制网页的行为，并且为了网页的重用性把 HTML 语言、CSS 样式、JavaScript 语言分离。

5.1.1　JavaScript 概述

JavaScript 是一种基于对象和事件驱动，具有相对安全性，并广泛用于客户端网页开发的脚本语言，主要用于为网页添加交互功能，例如校验数据、响应用户操作等，是一种动态、弱类型、基于原型的语言，内置支持类。

JavaScript 最早是在 HTML 上使用的，用来给 HTML 网页添加动态功能，由 Netscape 的 LiveScript 发展而来，是基于对象的、动态类型的、可区分大小写的客户端脚本语言，主要目的是为了解决服务器端语言遗留的速度问题及响应用户的各种操作，为客户提供更流畅的浏览效果。因为当时服务端需要对数据进行验证，网络速度相当缓慢，数据验证浪费的时间太多，于是 Netscape 的浏览器 Navigator 加入了 JavaScript，提供了数据验证的基本功能。

1. 基本特点

JavaScript 是一种脚本语言，嵌入在标准的 HTML 文档中，并且采用小程序段的方式进行编程。JavaScript 的基本结构形式与 C、C++、VB、Delphi 类似，但又有不同，JavaScript 不需要事先编译，只是在程序运行过程中被逐行解释，是一种解释性语言。

（1）基于对象。JavaScript 是一种基于对象的语言，也是一种面向对象的语言。JavaScript 中有些对象不必进行创建就可直接使用。例如，可以不必创建的"日期"对象，因为 JavaScript 语言中已经有了这个对象，所以可以直接使用。

（2）事件驱动。在网页中进行某种操作时就会产生相应事件。事件几乎可以是任何事情，例如单击按钮、拖动鼠标、打开或关闭网页、提交一个表单等均可视为事件。JavaScript 是事件驱动的，当事件发生时，可对事件做出响应。具体如何响应某个事件取决于事件处理程序代码。

（3）安全性。JavaScript 是一种安全的语言，不允许访问本地硬盘，不能将数据存入到服务器上，不允许对网络文档进行修改和删除，只能通过浏览器实现信息浏览或动态网页交互，从而具有一定的安全性。

（4）平台无关性。JavaScript 是依赖于浏览器本身的，与操作环境无关，只要是能运行浏览器的设备（包括计算机、移动设备），并且浏览器支持 JavaScript，就可正确执行 JavaScript 脚本程序。不论使用哪种版本操作系统下的浏览器，JavaScript 都可以正常运行。

2. JavaScript 脚本语言的组成

一个完整的 JavaScript 实现由以下 3 个部分组成。

（1）ECMAScript：描述了 JavaScript 语言的基本语法和基本对象。

（2）文档对象模型（Document Object Model，简称 DOM）：描述处理网页内容的方法和接口。

（3）浏览器对象模型（Browser Object Model，简称 BOM）：描述与浏览器进行交互的方法和接口。

5.1.2　JavaScript 的使用方法

在网页中使用 JavaScript 有两种方法：直接方式和引用方式。

1. 直接方式

直接方式是 JavaScript 最常用的方法，大部分含有 JavaScript 的网页都采用这种方法。例 5-1 中通过 JavaScript 进行一段文字的输出，在浏览器中的运行结果如图 5-1 所示。

例 5-1　example5-1.html

```html
<!doctype html>
<html>
  <head>
    <meta charset="utf-8">
    <title>JavaScript 直接方式</title>
  </head>
  <body>
    Hello World
    <script language="javascript">
        document.write("Hello World JavaScript 直接方式！");
    </script>
  </body>
</html>
```

扫一扫，看视频

图 5-1　直接方式

从例 5-1 中可以发现，JavaScript 源代码被嵌在一个 HTML 文档中，而且可以出现在文档头部（<head> </head>）和文档体部（<body> </body>）。JavaScript 标记的一般格式为：

```
<script language="javascript">
<!--
    //JavaScript 脚本语句
-->
</script>
```

为了使老版本的浏览器（即 Navigator 2.0 版以前的浏览器）避开不识别的"JavaScript 语句串"，用 JavaScript 编写的源代码可以用注解括起来，即使用 HTML 的注解标记<!--...-->，而 Navigator 2.x 可以识别放在注解行中的 JavaScript 源代码。

✎ 说明：

<script>标记可声明一个脚本程序，language 属性声明该脚本是一个用 JavaScript 语言编写的脚本。在<script >和</script >之间的任何内容都视为脚本语句，会被浏览器解释执行。在 JavaScript 脚本中，用"//"作为行的注释标注。

document 是 JavaScript 的文档对象，document.write("JavaScript")语句用于在文档中输出字符串"JavaScript"。

2. 引用方式

如果已经存在一个JavaScript源文件（通常以js为扩展名），则可以采用引用方式进行JavaScript脚本库的调用，以提高程序代码的利用率。引用方式的语法格式如下：

```
<script src="URL" type="text/javascript"></script>
```

其中 URL 是 JavaScript 源程序文件的地址，这个引用语句可以放在 HTML 文档头部或主体的任何部分。如果要实现例 5-1 的效果，可以首先创建一个 JavaScript 源代码文件"myScript.js"，其内容如下：

```
document.write("Hello World JavaScript 引用方式! ");
```

在例 5-2 中引用定义的"myScript.js"库文件，在浏览器中的运行结果如图 5-2 所示。

例 5-2　example5-2.html

```
<!doctype html>
<html>
  <head>
  <meta charset="utf-8">
  <title>引用方式</title>
  </head>
  <body>
    Hello World
    <script src="myScript.js"></script>
  </body>
</html>
```

扫一扫，看视频

图 5-2　引用方式

5.2　JavaScript 语言的基本结构

5.2.1　数据类型与变量

在 JavaScript 中有四种基本的数据类型：数值型（整数类型和实数类型）、字符串型（用一对双引号或单引号括起来的字符或数值）、布尔型（true 或 false）和空值。JavaScript 的基本数据类型中的数据可以是常量，也可以是变量。JavaScript 的变量（以及常量）采用弱类型，因此不需要先声明变量再使用变量，可以在使用或赋值时自动确定其数据类型。

1．数据类型

在 JavaScript 中，数据类型十分宽松，程序员在声明变量时可以不指定该变量的数据类型，JavaScript 会自动地按照用户给该变量所赋初值来确定适当的数据类型，这一点和 Java 或 C++ 是截然不同的。JavaScript 有以下几种基本的数据类型。

（1）数值类型。例如：34、3.14 表示十进制数；034 表示八进制数，用十进制表示其值为 28；0x34 表示十六进制数，用十进制表示其值为 52。

（2）字符串类型。使用双引号括起来的字母或数字，如"Hello!"。

（3）逻辑值类型。取值仅可能是"真"或"假"，用 true 或 false 表示。

（4）空值。当定义一个变量并且没有赋初值时，则该变量为空值。例如：

```
var ch1;
```

此时 ch1 为空值，并且不属于任何一种数据类型。

2．JavaScript 变量

JavaScript 变量的定义要求与 C 语言相仿，例如以字母或下划线开头，变量不能是保留字（例如 int、var 等），不能使用数字作为变量名的第一个字母，等等。JavaScript 变量定义的关键字是 var，其定义的语法格式如下：

```
    var 变量名；
或者 var 变量名=初始值；
```

JavaScript 并不是在定义变量时说明变量的数据类型，而是在给变量赋初始值时确定该变量的数据类型；JavaScript 对字母的大小写是敏感的。如 var my 和 var My，JavaScript 认为这是定义两个不同的变量。

✍ 说明：

> 在使用变量之前，最好对每个变量使用关键字 var 进行变量声明，防止发生变量有效区域的冲突问题。

3．常量

JavaScript 常量分为 4 类：整数、浮点数、布尔值和字符串。

（1）整数常量。在 JavaScript 中整数可以如下表示。

➤ 十进制数：即一般的十进制整数，前面不可有前导 0。例如：75。

➤ 八进制数：以 0 为前导，表示八进制数。例如：075。

➤ 十八进制数：以 0x 为前导，表示十六进制数。例如：0x0f。

（2）浮点数常量。浮点数可以用一般的小数格式表示，也可以使用科学计数法表示。例如：7.54343，3.0e9。

（3）布尔型常量。布尔型常量只有两个值：true 和 false。

（4）字符串常量。字符串常量用单引号或双引号括起来的 0 个或多个字符组成，例如："Test String"，"12345"。

4．JavaScript 语句的结构

在 JavaScript 的语法规则中，每一条语句的最后最好使用一个分号，但要求并不像 C、C++ 那么严格。例如：

```
document.write("Hello");    //此语句的功能是在浏览器中输出"Hello"
```

在编写 JavaScript 程序时，一定要有一个良好的习惯，最好是一行写一条语句。如果使用复合语句块时，注意把复合语句块的前后用大括号括起来，并且根据每一句作用范围的不同，应有一定的缩进。一个好的程序编写风格，对于程序的调试和阅读都是大有益处的。另外，一个好的程序编写风格需要适当加一些注释。例 5-3 中使用 JavaScript 注释语句，对一些语句进行了必要的注释，在浏览器中的运行结果如图 5-3 所示。

例 5-3　example5-3.html

```
<!doctype html>
<html>
  <head>
    <meta charset="utf-8">
    <title>JavaScript 注释</title>
    <script>
```

扫一扫，看视频

```
    document.write("注释使用！");
    sum=0;                        //初始化累加和,SUM 清 0
    for (i=1; i<10; i++){         //循环 10 次
        sum+=i;                   //求累加和
    }
    document.write("<br/>1 到 10 的累加结果：",sum);  //输出累加和
    </script>
</head>
<body>
</body>
</html>
```

图 5-3　JavaScript 注释

需要说明的是，document.write 的输出语句中可以直接输出 HTML 标记。

5.2.2　运算符

运算符可以指定变量和值的运算操作，是构成表达式的重要因素。JavaScript 支持算术运算符、位运算符、复合赋值运算符、比较运算符、连接运算符等。本节对这些运算符的使用方法进行简要说明。

1. 算术运算符

用于连接运算表达式的各种算术运算符如表 5-1 所示。

表 5-1　算术运算符

运 算 符	运算符定义	举　　例	说　　明
+	加法符号	x=a+b	
−	减法符号	x=a-b	
*	乘法符号	x=a*b	
/	除法符号	x=a/b	
%	取模符号	x=a%b	x 等于 a 除以 b 所得的余数
++	加 1	a++	a 的内容加 1
--	减 1	a--	a 的内容减 1

2. 位运算符

位运算符是对两个表达式相同位置上的位进行位对位运算。JavaScript 支持的位运算符如表 5-2 所示。

表 5-2　位运算符

运 算 符	运算符定义	举　　例	说　　明
~	按位求反	x=~a	
<<	左移	x=b<<a	a 为移动次数，左边移入 0
>>	右移	x=b>>a	a 为移动次数，右边移入 0
>>>	无符号右移	x=b>>>a	a 为移动次数，右边移入符号位
&	位"与"	x=b & a	
^	位"异或"	x=b ^ a	
|	位"或"	x=b | a	

3. 复合赋值运算符

复合赋值运算符执行的是一个表达式的运算。在 JavaScript 中，合法的复合赋值运算符如表 5-3 所示。

表 5-3　复合赋值运算符

运 算 符	运算符定义	举　　例	说　　明
+=	加	x+=a	x=x+a
-=	减	x-=a	x=x-a
*=	乘	x*=a	x=x*a
/=	除	x/=a	x=x/a
%=	模运算	x%=a	x=x%a
<<=	左移	x<<=a	x=x<<a
>>=	右移	x>>=a	x=x>>a
>>>=	无符号右移	x>>>=a	x=x>>>a
&=	位"与"	x&=a	x=x&a
^=	位"异或"	x^= a	x=x^a
|=	位"或"	x|=a	x=x|a

4. 比较运算符

比较运算符用于比较两个对象之间的相互关系，返回值为 true 和 false。各种比较运算符如表 5-4 所示。

表 5-4　比较运算符

运算符	运算符定义	举例	说明
==	等于	a= =b	a 等于 b 时为真
>	大于	a>b	a 大于 b 时为真
<	小于	a<b	a 小于 b 时为真
!=	不等于	a!=b	a 不等于 b 时为真
>=	大于等于	a>=b	a 大于等于 b 时为真
<=	小于等于	a<=b	a 小于等于 b 时为真
?:	条件选择 E? a: b	E 为真时选 a，否则选 b	

5. 逻辑运算符

逻辑运算符返回 true 和 false，其主要作用是连接条件表达式，表示各条件间的逻辑关系。各种逻辑运算符如表 5-5 所示。

表 5-5　逻辑运算符

运算符	运算符定义	举例	说明
&&	逻辑"与"	a && b	a 与 b 同时为 True 时，结果为 True
!	逻辑"非"	!a	如 a 原值为 True，结果为 False
||	逻辑"或"	a || b	a 与 b 有一个取值为 True 时，结果为 True

6. 运算符的优先级

运算符的优先级如表 5-6 所示。

表 5-6　运算符的优先级（由高到低）

运算符	说明
.　[]　()	字段访问、数组下标以及函数调用
++　--　~　!　typeof　new　void　delete	一元运算符、返回数据类型、对象创建、未定义值
*　/　%	乘法、除法、取模
+　-　+	加法、减法、字符串连接
<<　>>　>>>	移位
<　<=　>　>=	小于、小于等于、大于、大于等于
==　!==　===　!===	等于、不等于、恒等、不恒等
&	按位与
^	按位异或
|	按位或
&&	逻辑与
||	逻辑或
?:	条件
=	赋值

7. 表达式

JavaScript 表达式可以用来计算数值，也可以用来连接字符串和进行逻辑比较。JavaScript 表达式可以分为三类。

（1）算术表达式。算术表达式用来计算一个数值，例如：2*4.5/3。

（2）字符串表达式。字符串表达式可以连接两个字符串。进行连接字符串的运算符是加号，例如：

```
"Hello"+"World!"    //该表达式的计算结果是"Hello World!"
```

（3）逻辑表达式。逻辑表达式的运算结果为一个布尔型常量（true 或 false）。例如：

```
12>24    //其返回值为：false
```

5.2.3 流程控制语句

JavaScript 脚本语言提供流程控制语句，这些语句分别是条件语句（if语句和switch语句）和循环语句（for、do 和 while 语句）。

1. 条件语句

（1）if 语句。if 语句是条件判断语句，根据一定的条件执行相应的语句块，其定义的语法格式如下：

```
if (条件表达式){
   语句块 1；
}
else {
   语句块 2；
}
```

这里条件表达式的结果是 true 时，执行语句块 1，否则执行语句块 2。

（2）switch 语句。switch 语句是测试表达式结果，并根据这个结果执行相应的语句块，其语法格式如下：

```
switch (表达式) {
   case 值1：语句块 1；
          break；
   case 值2：语句块 2；
          break；
      ……
   case 值n：语句块 n；
          break；
   default：  语句块 n+1
}
```

switch 语句首先计算表达式的值，然后根据表达式计算出的值选择与之匹配的 case 后面的值，并执行该 case 后面的语句块，直到遇到 break 语句为止；如果计算出的值与任何一个 case 后面的值都不相符，则执行 default 后的语句块。

例 5-4 中使用 switch 语句进行了一个多条件分支的判断，在浏览器中的运行结果如图 5-4 所示。

例 5-4　example5-4.html

```html
<!doctype html>
<html>
  <head>
  <meta charset="utf-8">
  <title>switch 语句</title>
  <script>
    switch (14%3) {
    case 0: sth="您好";
                break;
    case 1: sth="大家好";
                break;
    default: sth="世界好";
                break;
    }
 document.write(sth);
</script>
</head>
<body>
</body>
</html>
```

图 5-4　switch 语句

从图 5-4 可以看出，执行的是 default 后的语句，因为表达式（14%3）的运行结果是 2；如果表达式改为 15%3，则浏览器中的显示结果为"您好"。另外需要强调说明的是，在每一个 case 语句的值后都要加冒号。

2. 循环语句

当需要把一个语句块重复执行多次，且每次执行仅改变部分参数的值时，可以使用循环语句，直到某一个条件不成立为止。

（1）for 语句。for 语句用来循环执行某一段语句块，其定义的语法格式如下：

```
for ( 表达式 1; 表达式 2; 表达式 3) {
    循环语句块;
}
```

其中表达式 1 只执行一次，用来初始化循环变量；表达式 2 是条件表达式，该表达式每次循环后都要被重新计算一次，如果其值为"假"，则循环语句块立即中止并继续执行 for 语句之后的语句，否则重新执行循环语句块；表达式 3 是用来修改循环控制变量的表达式，每次循环都会重新计算。另外，可以使用 break 语句中止循环语句并退出循环。for 语句一般用在已知循环次数的场合，并且表达式 1、表达式 2、表达式 3 之间要用分号隔开。

例 5-3 是使用 for 循环语句的例子，该例用于计算从数字 1 到 10 的累加和，并显示在网页中。

（2）while 语句。While 语句是当未知循环次数，并且需要先判断条件后再执行循环语句块时使用的循环语句。while 语句定义的语法格式如下：

```
while (条件表达式) {
    循环体语句块;
}
```

while 语句中当条件表达式为 true 时，循环体语句块被执行，执行完该循环体语句块后，会再次执行条件表达式；如果运算结果是 false，将退出该循环体；如果条件表达式开始时便为 false，则循环语句块将一次也不会执行。使用 break 语句可以从这个循环中退出。

例 5-5 说明了 while 语句的用法。该实例程序实现从数字 1 到 n 之间的累加和，即每加一个数都输出到当前数为止的累加和运算结果，在浏览器中的运行结果如图 5-5 所示。

例 5-5　example5-5.html

```
<!doctype html>
<html>
  <head>
    <meta charset="utf-8">
    <title>while 语句</title>
    <script>
     var i,sum;
     i=1;
     sum=0;
     while(i<=10){
       sum+=i;
       document.write(i,"   ",sum,"<br/>") ;
       i++;
     }
    </script>
  </head>
  <body>
  </body>
</html>
```

扫一扫，看视频

图 5-5　while 语句

（3）do…while 语句。do…while 语句与 while 语句所执行的功能完全一样，唯一的不同之处是 do…while 语句先执行循环体，再进行条件判断，其循环体至少被执行一次。同样可以使用 break 语句从循环中退出。do…while 语句的语法格式如下：

```
do{
    循环体语句;
}while(条件表达式);
```

这里，无论表达式的值是否为"真"，循环体语句都会被至少执行一次。例 5-6 用来说明 do…while 条件表达式不成立，但其循环体却被执行一次的情况。例 5-6 在浏览器中的显示结果如图 5-6 所示。

例 5-6　example5-6.html

```
<!doctype html>
<html>
  <head>
    <meta charset="utf-8">
    <title>do while 语句</title>
    <script>
    var i,sum;
    i=1;
    sum=0;
    do{
      sum += i;
      document.write (i,"   ",sum*100,"<br>") ;
      document.write ("i 小于 10 条件不成立,但本循环体却执行一次!");
      i++;
    } while (i>10)
    </script>
  </head>
  <body>
  </body>
</html>
```

扫一扫，看视频

图 5-6 do...while 语句

3. 转移语句

（1）break 语句。break 语句的作用是使程序跳出各种循环程序，用于在异常情况下终止循环，或终止 switch 语句后续语句的执行。

（2）continue 语句。在循环体中，如果出现某些特定的条件，希望不再执行后面的循环体，但是又不想退出循环，这时就要使用 continue 语句。在 for 循环中，执行到 continue 语句后，程序立即跳转到迭代部分，然后到达循环条件表达式，而对 while 循环，程序立即跳转到循环条件表达式。

例 5-7 用来说明 continue 语句的作用。该例实现把 1 到 100 中除了 2 的倍数和 3 的倍数之外的数显示在浏览器中，在浏览器中的显示结果如图 5-7 所示。

例 5-7 example5-7.html

```
<!doctype html>
<html>
  <head>
    <meta charset="utf-8">
    <title>continue 语句</title>
    <script>
    i=0;                            //循环控制初值
    count=0;                        //控制每输出 8 个数据换行的计数器
    while (i<100){                  //循环语句，循环条件变量 i<100
      if(i%3==0 || i%2==0) {        //是 2 或 3 的倍数
          i++;
          continue;                 //退出本次循环，进行下一次循环
      }
      count++;
      if(count>8) {                 //每 8 次进行控制换行
          document.write("<br>");   //输出换行
          count=0;                  //换行计数器清零
      }
      document.write(" ",i);   //输出空格和相应的数据
      i++;
```

```
    }
  </script>
</head>
<body>
</body>
</html>
```

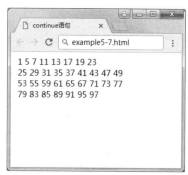

图 5-7　continue 语句

5.2.4　JavaScript 中的函数

1. JavaScript 函数概述

函数是一个固定的程序段，或称其为一个子程序，在可以实现固定程序功能的同时还带有一个入口和一个出口。所谓入口，就是函数所带的各个参数，可以通过这个入口把函数的参数值代入子程序，供计算机处理；所谓出口，就是函数在计算机求得函数值之后，由此出口带回给调用它的程序。即当调用函数时，会执行函数内的代码。

函数可以在某事件发生时直接调用（例如当用户单击按钮时），也可以在程序代码的任何位置使用函数调用语句进行调用。如果需要向函数中传递信息，可以采用入口参数的方法进行，有些函数不需要任何参数，有些函数可以带多个参数。定义函数的关键字是 function，函数定义的语法格式如下：

```
function 函数名([参数][，参数]){
   函数语句块
}
```

例 5-8 是 JavaScript 函数的定义和调用方法，在浏览器中的显示结果如图 5-8 所示。

例 5-8　example5-8.html

```
<!doctype html>
<html>
  <head>
    <meta charset="utf-8">
    <title>函数的定义和调用</title>
    <script>
```

扫一扫，看视频

169

```
function total (i,j) {          //声明函数 total, 参数为 i,j
    var sum;                    //定义变量 sum
    sum=i+j;                    //i+j 的值赋给 sum
    return(sum);                //返回 sum 的值
}
document.write("函数 total(100,20)结果为:", total(100,20) );
document.write("<br/>")
document.write("函数 total(32,43)结果为:", total(32,43) )
</script>
</head>
<body>
</body>
</html>
```

例 5-8 中定义了函数 total(i,j),其有两个入口参数(也叫形参) i 和 j, 当调用这个函数时, 可以给函数中的形参 i 和 j 一个具体的值, 例如 total(100,20), 变量 i 的值为 100, 变量 j 的值为 20。从该例可以看出, 函数通过名称调用。函数可以有返回值, 但并不是必需的, 如果需要函数返回值时, 在函数体内要使用语句 return(表达式)来返回。

图 5-8　函数的定义与调用

2. 匿名函数

匿名函数就是没有实际名字的函数, 匿名函数一般用于事件处理程序, 这类函数一般在整个程序中只使用一次。定义方法是把普通函数定义中的名字去掉, 其定义的语法格式如下:

```
function([参数][,参数]){
    函数语句块
}
```

例如, 当网页加载完毕后执行某个功能时可以使用匿名函数。其程序代码语法格式如下:

```
window.onload=function(){
    alert("网页加载完毕后, 弹出!");
}
```

3. 内部函数

在面向对象编程语言中, 函数一般是作为对象的方法定义的。而有些函数由于其应用的广泛性, 可以作为独立的函数定义, 还有一些函数根本无法归属于任何一个对象, 这些函数是 JavaScript 脚本语言固有的, 并且没有任何对象的相关性, 这些函数称为内部函数。

例如内部函数 isNaN, 用来测试某个变量是否是数值类型, 如果变量的值不是数值类型, 则返回 true, 否则返回 false。例 5-9 是在浏览器的输入对话框中输入一个值, 如图 5-9 所示, 如果输入值不是数值类型时, 则给用户一个提示, 当用户输入值是数值类型时, 也同样给出一个提示，在浏览器中的显示结果如图 5-10 和图 5-11 所示。

例 5-9　example5-9.html

```html
<!doctype html>
<html>
  <head>
    <meta charset="utf-8">
    <title>内部函数</title>
    <script>
    window.onload=function(){
      str = prompt("请您输入一个数值,例如3.14","");
      if(isNaN(str)){
        document.write("您输入的数据类型不对!");
      } else {
        document.write("您输入据值类型正确!");
      }
    }
    </script>
  </head>
  <body>
  </body>
</html>
```

图 5-9　用户输入数据

图 5-10　内部函数（1）

图 5-11　内部函数（2）

　　在上例的执行过程中，首先要求用户输入一个数值，如图 5-9 所示。然后对用户的输入值进行判断，如果输入的值是数值类型，则在浏览器中显示的结果如图 5-10 所示，如果输入的值是其他类型数据，则在浏览器中的显示结果如图 5-11 所示。

4．Function() 构造函数

在以上实例中，函数通过关键字 function 定义，函数同样也可以通过内置的 JavaScript 函数构造器（Function()）定义。Function 类可以表示开发者定义的任何函数。用 Function 类直接创建函数的语法格式如下：

```
var 函数名= new Function(arg1, arg2, ..., argN, function_body)
```

在上面的形式中，每个 arg 都是一个形式参数，最后一个参数是函数主体（要执行的代码），这些参数必须是字符串。函数的调用方法如下：

```
函数名 (arg1, arg2, ..., argN)
```

例 5-10 定义了 Function()构造函数，重点是让读者理解 Function()构造函数的定义，形参与实参，返回值等函数的一些使用方法。例 5-10 在浏览器中的显示结果如图 5-12 所示。

例 5-10　example5-10.html

```html
<!doctype html>
<html>
  <head>
    <meta charset="utf-8">
    <title>Function()构造函数</title>
    <script>
      var myFunction = new Function("a", "b", "return a * b");
      document.write("Function() 构造函数 4*3 的值: "+myFunction(4, 3));
    </script>
  </head>
  <body>
  </body>
</html>
```

扫一扫，看视频

图 5-12　Function()构造函数

从图 5-12 的执行结果可以看出，一个函数定义时并不发生作用，只有在引用时才被激活。

5.2.5　JavaScript 的事件

1．JavaScript 的事件类型

JavaScript 语言是一种事件驱动的编程语言。事件是脚本处理响应用户动作的方法，其利用浏览器对用户输入的判断能力，通过建立事件与脚本的一一对应关系，把用户输入状态的改变准确地传递给脚本，并予以处理，然后把结果反馈给用户，这样就实现了一个周期的交互过程。

JavaScript 对事件的处理分为定义事件和编写事件脚本两个阶段，几乎每个 HTML 元素都可以进行事件定义，例如浏览器窗口、窗体文档、图形、链接等。表 5-7 列出了事件类型及其相关说明。

表 5-7　JavaScript 的事件列表

事件名称	事件说明
onabort	图像加载被中断
onblur	元素失去焦点
onchange	用户改变域的内容
onclick	鼠标单击某个对象
ondblclick	鼠标双击某个对象
onerror	当加载文档或图像时发生某个错误
onfocus	元素获得焦点
onkeydown	某个键盘的键被按下
onkeypress	某个键盘的键被按下或按住
onkeyup	某个键盘的键被松开
onload	某个页面或图像完成加载
onmousedown	某个鼠标按键被按下
onmousemove	鼠标被移动
onmouseout	鼠标从某元素移开
onmouseover	鼠标被移到某元素上
onmouseup	某个鼠标按键被松开
onreset	重置按钮被单击
onresize	窗口或框架被调整尺寸
onselect	文本被选定
onsubmit	提交按钮被单击
onunload	用户退出页面

要使 JavaScript 的事件生效，必须在对应的元素标记中指明将要发生在这个元素上的事件。例如：<input type=text　onclick="myClick()">，在<input>标记中定义了鼠标单击事件（onclick），当用户在文本框中单击鼠标左键后，就触发 myClick()脚本函数。

2．为事件编写脚本

要为事件编写处理函数，这些函数就是脚本函数。这些脚本函数包含在\<script\>和\</script\>标记之间。例 5-11 定义单击事件的脚本函数，读者应该仔细体会其定义方法。该例的功能是当用户单击按钮后弹出一个对话框，对话框中显示"XX，久仰大名，请多多关照"。

例 5-11（1）   example5-11.html

```
<!doctype html>
<html>
  <head>
    <meta charset="utf-8">
    <title>事件函数</title>
    <script>
function myClick(){
    do{                        //使用循环语句，直到用户输入不为空
      username=prompt("请问您是何方神圣,报上名来","");
    }while (username=="")
    alert(username+",久仰大名,请多多关照.");    //弹出警告框
  }
  //-->
</script>
</head>
<body>
    <input type="button" value="测试按钮"  onclick="myClick()">
</body>
</html>
```

这个 HTML 页的起始界面如图 5-13 所示，上面仅有一个元素，即一个按钮。如果不设置任何事件，单击该按钮后不会产生任何响应。现在定义单击按钮的 onClick 事件，并把事件的处理权交给脚本程序 myClick（）。

接着，当用户单击按钮后，浏览器中将出现一个如图 5-14 所示的 JavaScript 对话框，框中提示用户输入姓名。这时，只要输入名称并单击"确定"按钮，就可以看到浏览器的显示结果，如图 5-15 所示。

图 5-13   事件函数定义

图 5-14   JavaScript 对话框   图 5-15   确认对话框后的输出

例 5-11 中 JavaScript 对于事件函数的定义方法，在实际网页制作中并不提倡，原因是 HTML 所写的网页内容和 JavaScript 所进行的行为控制代码没有分离开，造成的问题是 JavaScript 的共享性较差。example5-11-change.html 对源代码进行了改进，使 HTML 和 JavaScript 代码完全分开。

例 5-11（2） example5-11-change.html

```
<!doctype html>
<html>
  <head>
    <meta charset="utf-8">
    <title>事件函数</title>
    <script>s
   window.onload=function(){          //网页加载完毕执行该匿名函数
    var myBt=document.getElementById("btn");//获取按钮对象
   myBt.onclick=function(){          //给按钮对象增加单击事件函数
     do{
       username=prompt("请问您是何方神圣,报上名来","");
     }while (username=="")
     alert(username+",久仰大名,请多多关照.");
     }
    }
 </script>
</head>
<body>
    <input type="button" value="测试按钮" id="btn">
</body>
</html>
```

扫一扫，看视频

example5-11-change.html 源代码中使用了匿名函数，并且所有的 JavaScript 源代码都被封闭在<script></script>中，执行结果如图 5-13~图 5-15 所示。

5.3　JavaScript 中的对象

5.3.1　对象的基本概念

对象是现实世界中客观存在的事物，例如人、电话、汽车等，即任何实物都可以被称为对象。而一个 JavaScript 对象是由属性和方法两个基本要素构成的，其中属性主要用于描述一个对象的特征，例如人的姓名、年龄等属性；方法是表示对象的行为，例如，人有吃饭、睡觉等行为。

通过访问或者设置对象的属性，并且调用对象的方法，就可以完成各种任务。使用对象其实就是调用其属性和方法，调用对象的属性和方法的语法格式如下：

对象的变量名.属性名

对象的变量名.方法名（可选参数）

下面是对一个字符串对象的属性访问和方法的调用：

```
gamma = new String("This is a string");      //定义一个字符串对象 gamma
document.write (gamma.substr(5,2));          //调用对象的取子串方法
document.write (gamma.length);               //获取子字符串对象的长度的属性
```

事实上，在 JavaScript 中，所有的对象都可以分为预定义对象和自定义对象。

1. 预定义对象

预定义对象是 JavaScript 语言本身或浏览器提供的已经定义好的对象，用户可以直接使用而不需要进行定义。预定义对象包括 JavaScript 的内置对象和浏览器对象。

（1）内置对象。JavaScript 将一些非常常用的功能预先定义成对象，用户可以直接使用，这种对象就是内置对象。这些内置对象可以帮助用户在设计脚本时实现一些最常用、最基本的功能。例如，用户可以使用 math 对象的 PI 属性得到圆周率，即 math.PI；使用 math 对象的 sin()方法求一个数的正弦值，即 math.sin()；利用 Date()对象来获取系统的当前日期和时间等。

（2）浏览器对象。浏览器对象是浏览器提供的对象。现在大部分浏览器可以根据系统当前的配置和所装载的页面为 JavaScript 提供一些可供使用的对象，例如，document 对象就是一个十分常用的浏览器对象。在 JavaScript 程序中可以通过访问这些浏览器对象来获得一些相应的服务。

2. 用户自定义对象

虽然可以在 JavaScript 中通过使用预定义对象完成某些功能，但对一些特殊需求的用户可能需要按照某些特定的需求创建自定义对象，JavaScript 提供对这种自定义对象的支持。

在 JavaScript 中，对象类型是一个用于创建对象的模板，这个模板中定义了对象的属性和方法。在 JavaScript 中一个新对象的定义方法如下：

```
对象的变量名 = new 对象类型（可选择的参数）
```

例如：

```
gamma = new String("This is a string");
```

5.3.2　内置对象

1. String 对象

String 对象是 JavaScript 的内置对象，是一个封装字符串的对象，该对象的唯一属性是 length 属性，提供许多字符串的操作方法。String 对象常用方法的名称及功能如表 5-8 所示。

表 5-8　String 对象的常用方法及其功能

名　　称	功　　能
charAt(n)	返回字符串的第 N 个字符
indexOf(srchStr[,index])	返回第一次出现子字符串 srchStr 的位置，index 从某一指定处开始，而不是从头开始。如果没有该子串，返回-1
lastIndexOf(srchStr[,index])	返回最后一次出现子字符串 srchStr 的位置，index 从某一指定处开始，而不是从头开始
link(href)	显示 href 参数指定的 URL 的超链接
match()	找到一个或多个正则表达式的匹配
replace()	替换与正则表达式匹配的子串
search()	检索与正则表达式相匹配的值
slice()	提取字符串的片段，并在新的字符串中返回被提取的部分
split(分隔符)	把字符串分割为字符串数组
subString(n1,n2)	返回第 n1 和第 n2 字符之间的子字符串
toLowerCase()	将字符转换成小写格式显示
toUpperCase()	将字符转换成大写格式显示

例 5-12 说明了 String 对象的属性及常用方法，在浏览器中的显示结果如图 5-16 所示。

例 5-12　example5-12.html

```html
<!doctype html>
<html>
  <head>
  <meta charset="utf-8">
  <title>String 对象</title>
  <script>
  window.onload=function(){
    sth=new String("这是一个字符串对象");          //定义字符串对象
    document.write ("sth='这是一个字符串对象'","<br>");
    document.writeln ("sth 字符串的长度为:",sth.length, "<br>");
    document.writeln ("sth 字符串的第 4 个字符为:'",sth.charAt (4),"'<br>");
    document.writeln ("从第 2 到第 5 个字符为:'",sth.substring (2,5),"'<br>");
    document.writeln (sth.link("http://www.lllbbb.com"),"<br>");
  }
  </script>
  </head>
  <body>
  </body>
</html>
```

图 5-16　String 对象的使用

2．Array 对象

数组是一个有序数据项的数据集合。JavaScript 中的 Array 对象允许用户创建和操作一个数组，并支持多种构造函数。数组下标从 0 开始，所建的元素拥有从 0 到 size-1 的索引。在数组创建之后，数组的各个元素都可以使用"[ ]"标识符进行访问。Array 对象的常用方法及说明如表 5-9 所示。

表 5-9　Array 对象的常用方法及说明

方　　法	说　　明
concat(array2)	返回包含当前引用数组和 array2 数组级联的 Array 对象
reverse( )	把一个 Array 对象中的元素在适当位置进行倒序
pop()	从一个数组中删除最后一个元素并返回这个元素
push()	添加一个或多个元素到某个数组的后面并返回添加的最后一个元素
shift()	从一个数组中删除第一个元素并返回这个元素
slice(start,end)	返回数组的一部分。从 index 到最后一个元素来创建一个新数组
sort()	排序数组元素，将没有定义的元素排在最后
unshift()	添加一个或多个元素到某个数组的前面并返回数组的新长度

例 5-13 说明了数组对象方法的应用，在浏览器中的显示结果如图 5-17 所示。

例 5-13　example5-13.htm

```
<!doctype html>
<html>
  <head>
  <meta charset="utf-8">
  <title>数组对象</title>
  <script>
    window.onload=function(){
    var mycars = new Array()        //定义数组对象
    mycars[0] = "Audi"              //给数组对象的第一个元素赋值
    mycars[1] = "Volvo"
    mycars[2] = "BMW"
    for (x in mycars.sort()){       //按字母大小对数组进行排序
```

扫一扫，看视频

```
    document.write(mycars[x] + "<br />")
   }
  }
  </script>
 </head>
 <body>
 </body>
</html>
```

图 5-17　数组对象的使用

3．Math 对象

Math 对象用于执行数学任务，其提供的常用属性和方法如表 5-10 和表 5-11 所示。

表 5-10　Math 对象的属性

属　　性	描　　述
E	返回算术常量 e，即自然对数的底数（约等于 2.718）
LN2	返回 2 的自然对数（约等于 0.693）
LN10	返回 10 的自然对数（约等于 2.302）
LOG2E	返回以 2 为底的 e 的对数（约等于 1.414）
LOG10E	返回以 10 为底的 e 的对数（约等于 0.434）
PI	返回圆周率（约等于 3.14159）
SQRT1_2	返回 2 的平方根的倒数（约等于 0.707）
SQRT2	返回 2 的平方根（约等于 1.414）

表 5-11　Math 对象的方法

方　　法	描　　述
abs(x)	返回数的绝对值
acos(x)	返回数的反余弦值
asin(x)	返回数的反正弦值
atan(x)	以介于 -PI/2 与 PI/2 弧度之间的数值来返回 x 的反正切值
atan2(y,x)	返回从 x 轴到点 (x,y) 的角度（介于 -PI/2 与 PI/2 弧度之间）

方　　　法	描　　　述
ceil(x)	对数进行上舍入
cos(x)	返回数的余弦值
exp(x)	返回 e 的指数
floor(x)	对数进行下舍入
log(x)	返回数的自然对数（底为 e）
max(x,y)	返回 x 和 y 中的最高值
min(x,y)	返回 x 和 y 中的最低值
pow(x,y)	返回 x 的 y 次幂
random()	返回 0～1 之间的随机数
round(x)	把数四舍五入为最接近的整数
sin(x)	返回数的正弦值
sqrt(x)	返回数的平方根
tan(x)	返回角的正切值
toSource()	返回该对象的源代码
valueOf()	返回 Math 对象的原始值

例 5-14 用来说明 Math 方法的应用。该例实现网页上进行的猜数游戏，先使用 Math.round() 生成一个 0~100 之间的随机数，让用户来猜，当用户所猜数据大于生成的随机数时，提示用户所输入的"数据大了"，当小于正确值时，提示"数据小了"，相等则提示用户"输入正确"，在浏览器中的显示结果如图 5-18 所示。

例 5-14　example5-14.html

```
<!doctype html>
<html>
  <head>
  <meta charset="utf-8">
  <title>Math 对象</title>
  <script>
  window.onload=function(){
    var myrandom=Math.floor(Math.random()*100); //生成 0~100 的随机数
    var myBtn=document.getElementById("btn");    //通过 ID 获取按钮对象
    var myInput=document.getElementById("myIn");//通过 ID 获取输入框对象
    var myDisplay=document.getElementById("display");//获取显示对象
    myBtn.onclick=function(){                    //按钮增加单击事件函数
      myValue=myInput.value;                     //获取用户输入的数据
    //判断用户输入的不是数字数据，提示用户
    if(isNaN(myValue)) myDisplay.innerHTML="请 0-100 输入数字";
    else{
        //输入数据大了，给用户提示
        if(myValue>myrandom) myDisplay.innerHTML="数据大了！";
```

```
            //输入数据小了，给用户提示
            else if(myValue<myrandom) myDisplay.innerHTML="数据小了！";
            else myDisplay.innerHTML="恭喜您，猜对了！";
        }
     }
  }
  </script>
  <style>
   #display{background-color:red;
      color:white;
      font-size:16px;
      font-weight:bold;}
  </style>
 </head>
 <body>
 <input type="text" id="myIn">
 <input type="button" value="猜数" id="btn" />
 <label id="display"></label>
 </body>
</html>
```

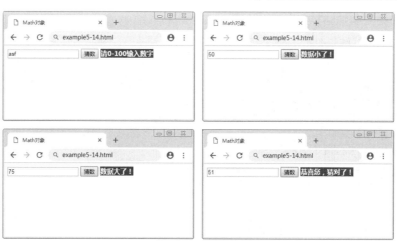

图 5-18　Math 对象

4．Date 对象

在 JavaScript 中，使用 Date 对象进行设置或获取当前系统的日期和时间。定义 Date 对象的方法如下：

```
var  变量名= new Date();
```

Date 对象提供了很多方法，利用这些方法可以在网页中制作出很多漂亮的效果，例如：倒计时钟，在网页上显示今天的年月日，计算用户在本网页上的逗留时间，网页上显示一个电子表，网络考试的计时器等。表 5-12 中列出了 Date 对象的常用方法。

表 5-12　Date 对象的常用方法

方　　法	说　　明
getDate()	返回在一个月中的哪一天（1~31）
getDay()	返回在一个星期中的哪一天（0~6），其中星期天为 0
getHours()	返回在一天中的哪一个小时（0~23）
getMinutes()	返回在一小时中的哪一分钟（0~59）
getSeconds()	返回在一分钟中的哪一秒（0~59）
getYear()	返回年号
setDate(day)	设置日期
setHours(hours)	设置小时
setMinutes(mins)	设置分钟
setSeconds(secs)	设置秒
setYear(year)	设置年

例 5-15 是用来在浏览器中显示当前日期和时间的实例，在浏览器中的显示结果如图 5-19 所示。

例 5-15　example5-15.html

```
<!doctype html>
<html>
  <head>
  <meta charset="utf-8">
  <title>Date 对象</title>
  <script>
  window.onload=function(){
    Stamp = new Date();
    document.write('<font size="2"><B>' + Stamp.getFullYear()+"年"
      +(Stamp.getMonth() + 1) +"月"
      +Stamp.getDate()+ "日"
      +'</B></font><BR>');
    Hours = Stamp.getHours();
    if (Hours >= 12){
      Time = " 下午"; }
    else{
      Time = " 上午"; }
    if (Hours > 12) {
      Hours -= 12;}
    if (Hours == 0) {
      Hours = 12;}
    Mins = Stamp.getMinutes();
    if (Mins < 10) {
```

```
        Mins = "0" + Mins; }
    document.write('<font size="2"><B>' + Time + Hours
                        + ":"+ Mins + '</B></font>');
    }
    </script>
  </head>
  <body>
  </body>
</html>
```

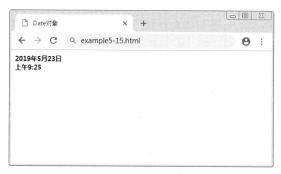

图 5-19　Date 对象

5.3.3　创建自定义对象

1. 基本概念

JavaScript 中已经存在了一些标准的类，例如 Date、Array、RegExp、String、Math、Number 等。另外，用户可以根据实际需要定义自己的类，例如定义 User 类、Hashtable 类等。

2. JSON 方法

对象表示法（JavaScript Object Notation，JavaScript JSON）是一种轻量级的数据交换格式，采用完全独立于语言的文本格式，是理想的数据交换格式，特别适用于 JavaScript 与服务器的数据交互。利用 JSON 格式创建对象的方法如下：

```
var jsonobject={
    propertyName:value,                    //对象内的属性
    functionName:function(){statements;}   //对象内的方法
};
```

其中 propertyName 是对象的属性；value 是对象的值，值可以是字符串、数字或对象；functionName 是对象的方法；function(){statements;}用来定义匿名函数。例如：

```
var user={name:"user1",age:18};
var user={name:"user1",job:{salary:3000,title:"programmer"}}
```

以这种方式也可以初始化对象的方法，例如：

```
var user={
        name:"user1",            //定义属性
        age:18,
        getName:function(){ //定义方法
            return this.name;
        }
    }
```

例 5-16 定义了一个 JSON 对象，通过该例让读者体会 JSON 对象的使用方法，在浏览器中的显示结果如图 5-20 所示。

例 5-16   example5-16.html

```
<!doctype html>
<html>
  <head>
  <meta charset="utf-8">
  <title>JSON 对象</title>
  <script>
  window.onload=function(){
  var student={                          //定义 JSON 对象
    studentId:"20190501001",
    username:"刘艺丹",
    tel:{home:81234567,mobile:13712345678},
    address:
    [
     {city:"武汉",postcode:"420023"},
     {city:"宜昌",postcode:"443008"}
    ],
    show:function(){
        document.write("学号:"+this.studentId+"<br/>");
        document.write("姓名:"+this.username+"<br/>");
        document.write("宅电:"+this.tel.home+"<br/>");
        document.write("手机:"+this.tel.mobile+"<br/>");
        document.write("工作城市:"+this.address[0].city+",邮编:")
        document.write(this.address[0].postcode+"<br/>");
        document.write("家庭城市:"+this.address[1].city)
        document.write(",邮编:"+this.address[1].postcode+"<br/>");
    }
  };
  student.show(); //调用对象的方法
}
</script>
</head>
<body>
</body>
</html>
```

图 5-20　JSON 对象

3. 构造函数方式

可以设计一个构造函数，然后通过调用构造函数来创建对象。构造函数可以带有参数，也可以不带参数。其语法格式如下所示：

```
function funcName([param]){
  this.property1=value1|param1;
  ......
  this.methodName=function(){};
  ......
};
```

上面编写的构造函数可以通过 new 方式来创建对象，构造函数本身可以带有构造参数。例 5-17 通过构造函数方式定义对象，并通过调用对象的方法来获取相关数据，在浏览器中的运行结果如图 5-21 所示。

例 5-17　example5-17.html

```
<!doctype html>
 <html>
 <head>
  <meta charset="utf-8">
  <title>构造方法定义对象</title>
  <script>
  window.onload=function(){
    function Student(name, age) {          //定义构造方法
      this.name = name;                    //定义类属性
      this.age = age;
      this.alertName = alertName;          //指定方法函数
    }
    function alertName() {                  //定义类方法
      document.write("姓名:"+this.name)
      document.write(",年龄:"+this.age+"<br/>");
    }
    var stu1 = new Student("刘艺丹", 20);  //创建对象
    stu1.alertName();                       //调用对象方法
```

扫一扫，看视频

```
        var stu2 = new Student("张文普", 18);
        stu2.alertName();
    }
  </script>
</head>
<body>
</body>
</html>
```

图 5-21　构造方法定义对象

JavaScript 中可以为对象定义三种类型的属性：私有属性、实例属性、类属性。与 Java 类似，私有属性只能在对象内部使用，实例属性必须通过对象的实例进行引用，而类属性可以直接通过类名进行引用。

（1）私有属性只能在构造函数内部定义与使用，定义私有属性的语法格式如下：

```
var propertyName=value;
```

例如：

```
function User(age){
  this.age=age;
 var isChild=age<12;
    this.isLittleChild=isChild;
}
var user=new User(15);
alert(user.isLittleChild);          //正确的方式
alert(user.isChild);                //报错：对象不支持此属性或方法
```

（2）实例属性的定义有两种方法。

①prototype 方式，语法格式如下：

```
functionName.prototype.propertyName=value
```

②this 方式，语法格式如下：

```
this.propertyName=value
```

需要说明的是上面语法格式中 value 可以是字符、数字和对象。

（3）原型方法。使用原型方法也可以创建对象，即通过原型向对象添加必要的属性和方法。这种方法添加的属性和方法属于对象，每个对象实例的属性值和方法都是相同的，可以再通过赋值的方式修改需要修改的属性或方法。

在 JavaScript 中，可通过 prototypen 属性为对象添加新的属性和方法。例 5-18 对 String 对象添加了一个新的方法 trim()、ltrim()、rtrim()，在浏览器上的显示结果如图 5-22 所示。

例 5-18　example5-18.html

```html
<!doctype html>
<html>
  <head>
    <meta charset="utf-8">
    <title>原型法定义对象</title>
    <script>
    window.onload=function(){
      var str1=new String("  hello  ")
      //定义在字符串对象中添加 trimStr 方法，功能是删除字符串两端的空格
      String.prototype.trimStr= function() {
         return this.replace(/(^\s*)|(\s*$)/g, ""); //这里使用正则表达式
      };
      //定义在字符串对象中添加 ltrim 方法，删除字符串左空格
      String.prototype.ltrim = function() {
         return this.replace(/(^\s*)/g, "");
      };
      //定义在字符串对象中添加 rtrim 方法，删除字符串右空格
      String.prototype.rtrim = function() {
         return this.replace(/(\s*$)/g, "");
      };
      var eg1 = str1.trimStr();
      document.write("源串长度: "+str1.length);
      document.write("<br/>目的串长度: "+eg1.length);
    }
    </script>
  </head>
  <body>
  </body>
</html>
```

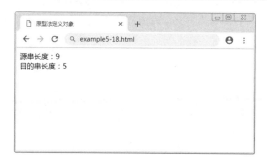

图 5-22　原型法构建对象

（4）混合方法。使用构造函数可以让对象的实例指定不同的属性值，每创建一个对象时，都会调用一次内部方法。而对于原型方式，因为构造函数没有参数，所有被创建对象的属性值都相同，要想创建属性值不同的对象，只能通过赋值的方式覆盖原有的值。

在实际应用中，一般采用构造方法和原型方法相混合的方式。对于对象共有的属性和方法可以使用原型方法，对于对象的实例的所有属性可以使用构造方法。例 5-19 说明了使用混合方法构建对象，显示结果如图 5-23 所示。

例 5-19　example5-19.html

```html
<!doctype html>
<html>
  <head>
    <meta charset="utf-8">
    <title>混合法定义对象</title>
    <script>
    window.onload=function(){
        //使用构造方法声明属性
        function User(name, age, address, mobile, email) {
          this.name = name;
          this.age = age;
          this.address = address;
          this.mobile = mobile;
          this.email = email;
        };
        //使用原型方法声明方法
        User.prototype.show = function() {
          document.write("name:" + this.name + "<br/>");
          document.write("age:" + this.age + "<br/>");
          document.write("address:" + this.address + "<br/>");
          document.write("mobile:" + this.mobile + "<br/>");
          document.write("email:" + this.email + "<br/>");
        }
        var u1 = new User("刘红",20,"辽宁", "13612345678", "lh1688@163.com");
        var u2 = new User("张普",18, "河南", "13812345678", "lina@163.com");
        u1.show();
        u2.show();
      }
    </script>
    </head>
    <body>
    </body>
</html>
```

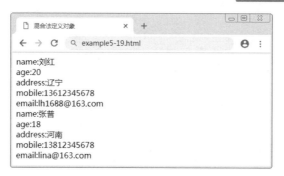

图 5-23　混合方法构建对象

本章小结

本章主要讲解 JavaScript 基础知识，重点理解 JavaScript 变量的使用、JavaScript 中常见的数据类型、JavaScript 的条件语句和循环语句、函数的定义与调用。在学习过程中主要注意以下几个方面：

（1）JavaScript 对大小写敏感。

（2）使用关键字 var 声明变量，JavaScript 是弱类型语言，声明变量时不需要指定变量。

（3）JavaScript 常用的数据类型主要包括 string（字符串类型）、number（数值类型）、boolean（布尔类型）、undefined（未定义类型）、null（空类型）和 object（对象类型）。

（4）条件语句有 if 语句和 switch 语句。

（5）循环语句有 for 语句、while 语句、do…while 语句，跳出循环语句有 break 语句和 continue 语句，break 是跳出整个循环，continue 是跳出单次循环。

（6）函数分为系统函数和自定义函数，自定义函数需要先创建再调用。自定义函数分为有参函数和无参函数。

（7）JavaScript 语言的事件触发机制，并能掌握几种常见的事件定义方法。

通过本章的学习，应该熟练掌握 JavaScript 语言的基础知识，为后续章节的学习打下良好基础。

习　题　五

一、选择题

1. 可以在（　　）中放置 JavaScript 代码。

　　A. < script >　　　　　　　B . <javascript >　　　　　C. < js >　　　　　　　D. <scripting >

2. 以下代码片段的输出结果是（　　　）。

```
var str;
alert(typeof str);
```

    A. string   B. undefined   C. object   D. String

3. （　　　）是 JavaScript 中单行注释的正确写法。

    A. <!--......-->   B. //......   C. /*......*/   D. /# ...... #/

4. 以下关于 JavaScript 事件的描述中，不正确的是（　　　）。

    A. click——鼠标单击事件

    B. focus——获取焦点事件

    C. mouseover——鼠标指针移动到事件源对象上时触发的事件

    D. change——选择字段时触发的事件

5. 以下不属于 JavaScript 原始类型的是（　　　）。

    A. string   B. number   C. function   D. boolean

6. 写"Hello World"的正确 JavaScript 语法是（　　　）。

    A. document.write("Hello World")   B. "Hello World"

    C. response.write("Hello World")   D. ("Hello World")

7. 调用名为"xxx.js"的外部脚本的正确语法是（　　　）。

    A. <script src="xxx.js">   B. <script href="xxx.js">

    C. <script name="xxx.js">   D. <script link="xxx.js">

8. 编写当 i 不等于 5 时的 if 条件语句是（　　　）。

    A. if i=! 5 then   B. if i<>5

    C. if (i<>5){ }   D. if (i != 5){ }

9. 定义 JavaScript 数组的正确方法是（　　　）。

    A. var txt = new Array="tim","kim","jim"

    B. var txt = new Array(1:"tim",2:"kim",3:"jim")

    C. var txt = new Array("tim","kim","jim")

    D. var txt = new Array:1=("tim")2=("kim")3=("jim")

10. （　　　）可求得 2 和 4 中最大的数。

    A. math.ceil(2,4)   B. math.max(2,4)   C. ceil(2,4)   D. top(2,4)

二、简答题

1. 在 HTML 中写入 JavaScript 代码的方法是什么？

2. 写出在网页中输出"Hello World"的正确 JavaScript 语句片段。

3. 在 HTML 中插入 JavaScript 语句的正确位置有哪些？

4. 写出用警告框弹出 "Hello World"的语句。

5. 写出在 JavaScript 中创建函数的语句。

6. 写出调用名为 "myFunction"函数的语句。

7. 在 JavaScript 中有哪几种不同类型的循环？

8. JavaScript 中有哪几种注释方法？

9. 写出把 7.25 四舍五入为最接近整数的语句。

三、程序阅读

1. 以下 JavaScript 代码的输出结果是（　　　）。

```
<SCRIPT LANGUAGE="JavaScript" >
    function f(y) {
        var x=y*y;
        return x;
    }
    for(x=0;x<5;x++) {
        y=f(x);
        document.writeln(y);
    }
</SCRIPT >
```

2. 以下代码片段的输出结果是（　　　）。

```
function Student(name)  {
    this.name = name;
    this.move = function() {
        alert(this.name+"准备移动了");
    }
}
Student.prototype.move = function() {
    alert(this.name+"开始移动了!");  }
var st = new Student("李四");
st.study();
```

3. 以下代码片段的输出结果是（　　　）。

```
function add(i) {
    var k = i+10;
    alert(k);
}
function add(i) {
    var k = i+20;
    alert(k);
}
add(10);
```

4. 以下程序片段的输出结果是（　　　）。

```
var str = "32px";
var str1 = str.slice(-2);
alert(str);
alert(str1);
```

5.以下程序片段的输出结果是（　　　）。

```
var str = "12px";
var s =str.indexof("2");
alert(s);
```

实　验　五

一、实验目的

了解和掌握 JavaScript 的语法规则；熟练掌握 JavaScript 语言的流程控制语句、过程控制和函数的语法及具体的使用方法。

二、实验内容

实现猜数游戏。

三、实验要求

随机给出一个 0 至 99（包括 0 和 99）之间的数字，然后让用户在规定的次数内猜出是什么数字。当用户随便猜一个数字后，游戏会提示太大还是太小，然后缩小结果范围，最终得出正确结果。界面设计参考如实验图 5-1 所示。

实验图 5-1

提示：

（1）当猜测次数到时，提示用户"猜测次数到，游戏结束！"。

（2）按钮和文本框的可用属性是 disable，如果属性值为 true，该按钮或文本框不可使用；当其值为 false 时，可以使用。

（3）访问文本框的方法是：表单名.文本框名。

例如表单名为 guess，文本框名为 num，HTML 代码如下：

```
<form name="guess">
    <input type="text" name="num">
```

```
    <input type=button name="bt" value="提交" disabled="true">
</form>
```

读取文本框值的方法是：

```
guess.num
```

赋值给文本框的值是 9 的方法是：

```
guess.num=9;
```

四、实验运行截图

（把网页运行结果的几种主要情况截图粘贴在此）

五、HTML 源程序

（把整个网页程序及其详细说明粘贴在此）

六、实验总结

（主要写实验中遇到的问题及解决方法）

第6章

DOM 编程

本章知识目标：

本章主要讲解 BOM 对象模型和 DOM 对象模型，重点掌握几种主要对象的重要属性和方法，主要包括 Window 对象、Document 对象、Form 对象、Location 对象和 History 对象。通过本章的学习，读者应该掌握以下内容：

- ❏ 了解 BOM 编程和 DOM 模型的基本概念；
- ❏ 掌握 Window 对象的重要属性和方法；
- ❏ 掌握 Document 对象的重要属性和方法；
- ❏ 掌握使用 getElement 系列方法实现 DOM 元素的查找和定位；
- ❏ 掌握使用 DOM 标准操作，实现节点的增、删、改、查；
- ❏ 掌握使用 HTML DOM 特有操作实现 HTML 元素内容的修改。

扫一扫，看 PPT

6.1　浏　览　器

JavaScript 由以下三部分构成。

（1）核心（ECMAScript）：描述了 JavaScript 的语法和基本对象。

（2）文档对象模型（Document Object Model，DOM）：是 W3C 的标准，是所有浏览器共同遵守的标准，是处理网页内容的方法和接口，是 HTML 和 XML 的应用程序接口（API）。

（3）浏览器对象模型（Browser Object Model，BOM）：是各个浏览器厂商根据 DOM 在各自浏览器上的实现，由于在不同浏览器中定义有差别，所以实现方式也略有不同，是与浏览器交互的方法和接口。

这三部分根据浏览器的不同，具体的表现形式也不尽相同，其中 IE 浏览器和其他的浏览器风格差异较大。DOM 是为了操作文档出现的 API，Document 是其中的一个对象；而 BOM 是为了操作浏览器出现的 API，Window 是其中的一个对象。

1. BOM 模型

BOM 主要处理浏览器窗口和框架，但通常浏览器特定的 JavaScript 扩展都被看作是 BOM 的一部分。这些扩展包括：

➤　弹出新的浏览器窗口。

➤　移动、关闭浏览器窗口以及调整窗口大小。

➤　提供 Web 浏览器详细信息的定位对象。

➤　提供用户屏幕分辨率详细信息的屏幕对象。

JavaScript 通过访问 BOM 对象来访问、控制、修改客户端浏览器的，由于 BOM 的 Window 对象包含 Document 对象，Window 对象的属性和方法可以直接使用而且被感知，因此可以直接使用 Window 对象的 Document 属性，通过 Document 属性可以访问、检索、修改 XHTML 文档的内容与结构。可以说，BOM 包含 DOM 对象，浏览器提供出来给予访问的是 BOM 对象，从 BOM 对象再访问到 DOM 对象，从而 JavaScript 可以操作浏览器以及浏览器读取到的文档。BOM 对象模型如图 6-1 所示。

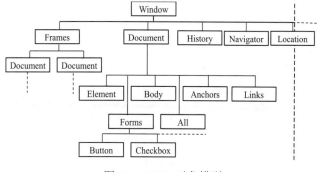

图 6-1　BOM 对象模型

从图 6-1 可以看出，Window 对象是所有对象的最顶级对象，也就是说前面章节用到的 document.write()实际是 window.document.write()。创建的所有全局变量和全局函数都是存储到 Window 对象下的，BOM 的核心是 Window，而 Window 对象又具有双重角色，既是通过 JavaScript 访问浏览器窗口的一个接口，又是一个 Global（全局）对象。这意味着在网页中定义的任何对象、变量和函数，都以 Window 作为其全局对象。Window 对象包括对 Document、History、Location、Navigator、Screen 和 Event 这 6 个对象的引用。

第二层对象中有框架结构（Frames），在框架结构的每一个 Frame 对象中都包含一个文档对象；文档对象（Document）表示当前显示的文档；History 对象表示文档的历史记录（曾经访问过该文档的 URL 地址记录清单）；Location 对象表示当前文档所在的位置（URL 地址、文件名以及与当前文档位置有关的其他属性）；Navigator 对象表示返回浏览器被使用的信息。

2. DOM 模型

在理解 DOM 之前，先来看看以下代码：

```
<!doctype html>
  <html>
    <head>
      <meta charset="utf-8">
      <title>DOM</title>
    </head>
    <body>
      <h2><a href="http://www.baidu.com">javascript DOM</a></h2>
      <p>对 HTML 元素进行操作，可添加、改变或移除 CSS 样式等</p>
      <ul>
        <li>JavaScript</li>
        <li>DOM</li>
        <li>CSS</li>
      </ul>
    </body>
  </html>
```

将 HTML 代码分解为 DOM 节点层次图，如图 6-2 所示。

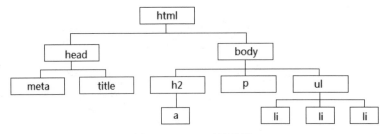

图 6-2　DOM 对象模型

由图 6-2 可以看出，HTML 文档是由节点构成的集合，DOM 节点包括以下几类。

（1）元素节点：如图 6-2 中<html>、<body>、<p>等都是元素节点，即标记或标签。

（2）文本节点：向用户展示的内容，如<li>…</li>中的 JavaScript、DOM、CSS 等文本。

（3）属性节点：元素属性，如<a>标签的链接属性 href="http://www.baidu.com"。

节点属性 nodeName 返回一个字符串，其内容是节点的名字；节点属性 nodeType 返回一个整数，这个数值代表给定节点的类型；节点属性 nodeValue 返回给定节点的当前值。

遍历节点树 childNodes 返回一个数组，这个数组由给定元素的子节点构成，firstChild 返回第一个子节点；lastChild 返回最后一个子节点；parentNode 返回一个给定节点的父节点；nextSibling 返回给定节点的下一个子节点；previousSibling 返回给定节点的上一个子节点。

DOM 操作 createElement(element)创建一个新的元素节点；createTextNode()创建一个包含给定文本的新文本节点；appendChild()指定节点的最后一个节点列表后添加一个新的子节点；insertBefore()将一个给定节点插入一个给定元素节点的给定子节点的前面；removeChild()从一个给定元素中删除子节点；replaceChild()把一个给定父元素里的子节点替换为另外一个节点。

DOM 通过创建树来表示文档，描述了处理网页内容的方法和接口，从而使开发者对文档的内容和结构具有很强的控制力，用 DOM API 可以轻松地删除、添加和替换节点。

6.2　Window 对象

Window 对象封装了当前浏览器的环境信息。一个 Window 对象中可以包含几个 Frame（框架）对象。每个 Frame 对象在所在的框架区域内作为一个根基，相当于整个窗口的 Window 对象。下面详细介绍 Window 对象的属性、方法和事件。

6.2.1　Window 对象的属性

广义的 Window 对象包括浏览器的每一个窗口、每一个框架（Frame）或者活动框架（iFrame）。Window 对象的属性及说明如表 6-1 所示。

表 6-1　Window 对象的属性及说明

属　　性	说　　明
frames	表示当前窗口中所有 frame 对象的数组
status	表示浏览器的状态行信息，该属性可以返回或设置在浏览器状态中显示的内容
defaultstatus	表示浏览器默认的状态行信息，该属性可以返回或者设置状态栏显示的默认内容
history	表示当前窗口的历史记录，这可以引用在网页导航中
closed	表示当前窗口是否关闭的逻辑值
document	表示当前窗口中显示的当前文档对象
location	表示当前窗口中显示的当前 URL 的信息
name	表示当前窗口对象的名字

续表

属　　性	说　　明
opener	表示打开当前窗口的父窗口
parent	表示包含当前窗口的父窗口
top	表示一系列嵌套的浏览器中的最顶层的窗口，即代表最顶层窗口的一个对象
self	属性返回当前窗口的一个对象，可以通过这个对象访问当前窗口的属性和方法
length	表示当前窗口中帧的个数

6.2.2　Window 对象的方法

Window 对象的方法及说明如表 6-2 所示。

表 6-2　Window 对象的方法及说明

方　　法	说　　明
alert(message)	弹出一个具有 OK 按钮的系统消息框，显示指定的文本
confirm(message)	弹出一个具有 OK 和 Cancel 按钮的询问对话框，返回一个布尔值。如果单击确定按钮，返回 true，否则返回 false
prompt(message[,defstr])	提示用户输入信息，接受两个参数，即要显示给用户的文本 message 和文本框中的默认值 defstr，将文本框中的值作为函数值返回
open(url[,name[,features]])	打开新窗口
close()	关闭窗口
blur()	失去焦点
focus()	获得焦点
print()	打印
moveBy(x,y)	相对移动
moveTo(x,y)	绝对移动
resizeBy(x,y)	相对改变窗口尺寸
resizeTo(x,y)	绝对改变窗口尺寸
scrollBy(x,y)	相对滚动
scrollTo(x,y)	绝对滚动
setTimeout(表达式,毫秒)	设置定时器。设置在指定的毫秒数后执行指定的代码，该方法有 2 个参数：要执行的代码和等待的毫秒数，并且该指定代码仅执行一次
setInterval(表达式,毫秒)	设置定时器。无限次地每隔指定的时间段重复一次指定的代码，参数同 setTimeout()一样
clearTimeout(定时器对象)	清除 setTimeout 设定的定时器。还未执行的代码暂停，将暂停定时对象 ID 传递给该方法
clearInterval(定时器对象)	清除 setInterval 设定的定时器。还未执行的代码暂停，将暂停定时对象 ID 传递给该方法

例 6-1 是在浏览器中使用 setTimeout 方法设计一个电子钟。setTimeout 方法用来设置一个计时器,该计时器以毫秒为单位,当设置的时间到时会自动地调用一个函数。该方法第一个参数用来指定设定时间到后所调用函数的名称;第二个参数用来设定计时器的时间间隔。例 6-1 在浏览器中的显示结果如图 6-3 所示。

例 6-1　example6-1.html

```
<!doctype html>
<html>
  <head>
    <meta charset="utf-8">
    <title>setTimeout 方法</title>
    <script>
    window.onload=function(){
        dispTime=document.getElementById("dispTime")
        dispTime.value="hello";
        interval=1000;                //设定时间 1 秒
        function change()  {
            var today = new Date();       //获取当前时间
            dispTime.innerHTML = two(today.getHours()) + ":"      //小时
            dispTime.innerHTML+= two(today.getMinutes()) + ":"    //分钟
            dispTime.innerHTML+= two(today.getSeconds());         -//秒
            timerID=window.setTimeout(change,interval);
            //设置定时一秒执行一次 change 函数
        }
        function two(x){
            return(x>=10?x:"0"+x);     //如果是一位数字前面加 0,变成两位
        }
        change()
    }
    </script>
  </head>
  <body>
  <label id="dispTime"></label>
  </body>
</html>
```

图 6-3　脚本计时器

timerID=window.setTimeout(change,interval)用于创建一个计时器，每一秒调用 change()子函数一次，该语句存放在 change()函数内部，这种调用方法叫递归调用。在设置计时器的同时，创建了一个计时器对象，其句柄是 timerID，以后可以对这个对象进行操作，例如可以通过 clearTimeout 方法清除这个计时器，语句如下：

window.clearTimeout(timerID)

例 6-2 是对 HTML、CSS、JavaScript 运用的综合实例。该例中使用五个图片，使用 setInterval 方法进行定时，定时到，通过 JavaScript 程序改变<img>标记中的 src 属性，并同时改变数字的显示样式，也可以通过单击图片的导航数字来改变当前显示的图片，该例也叫做轮播图。例 6-2 在浏览器中的显示结果如图 6-4 所示。

例 6-2　example6-2.html

```html
<!doctype html>
<html>
  <head>
    <meta charset="utf-8">
    <title>setInterval 方法</title>
    <script>
    window.onload=function(){
        imgCount=0;                                        //当前图片计数器
        myImg=document.getElementById("myImg");            //获取图片标记对象
        myBox=document.getElementById("box");              //获取 div 块对象
        myNumberBox=document.getElementById("number");//获取列表对象
        //获取列表元素标记对象
        myNumberLi=myNumberBox.getElementsByTagName("li");
        for(i=0;i<myNumberLi.length;i++){                  //访问每一个列表元素
            myNumberLi[i].index=i;                         //记录当前标记索引
            myNumberLi[i].onclick=function(){              //给当前元素添加单击事件
            for(i=0;i<myNumberLi.length;i++){              //清除列表元素的类样式
                myNumberLi[i].classList.remove("active");
            }
            this.classList.add("active");//给当前列表元素添加 active 类样式
            imgCount=this.innerHTML-1;                     //调整显示图片索引值
            //改变 img 标记中显示的图片
            myImg.src="images/"+imgCount+".jpg";
    }
      myBox.onmouseover=function(){                        //当鼠标移入 div 块
        clearInterval(timeOUT);                            //清除定时，让图片不动
    }
      myBox.onmouseout=function(){                         //当鼠标移出 div 块
        timeOUT=setInterval(changeImg,1000);              //启动定时器
    }
    function changeImg(){
        imgCount++;                                        //图片索引值自动加 1
        imgCount=imgCount%5;                     //超过 5，从 0 开始，目的是循环播放
```

```
        myImg.src="images/"+imgCount+".jpg";   //拼接图片显示文件名
        for(i=0;i<myNumberLi.length;i++){        //清除列表元素类样式
          myNumberLi[i].classList.remove("active");
        }
        this.classList.add("active");//给当前列表元素添加 active 类样式
    }
  timeOUT=setInterval(changeImg,1000);          //启动定时器
}
</script>
<style>
 *{                                  //选中所有元素
    margin:0px;                      //外边距清 0
    padding:0px;                     //内边距清 0
 }
 #box{                               //选中 ID 为 box 的 DIV 块
     width:520px;                    //宽度为 520 像素
    height:280px;                    //高度为 520 像素
    border:1px solid red;            //边框线为 1 像素，实心线，红色
    margin:100px auto;               //外边距：上下为 100 像素，左右居中
    position:relative;               //定位：相对定位，设定为移动参考点
}
#box ul{
    list-style:none;                 //清除列表风格，目的是删除列表前的符号
}
#number{
    position:absolute;               //设为绝对定位，按照参考点进行移动
    right:10px;                      //移动后，离右边 10 像素
    bottom:10px;                     //移动后，离底端 10 像素
}
#number li{
    width:20px;                      //宽度为 20 像素
    height:20px;                     //高度为 20 像素
    border-radius:50%;               //边框倒角 50%
    text-align:center;               //文本对齐方式为居中
    line-height:20px;                //行高为 20 像素
    float:left;                      //左浮动，列表元素横向排列
    margin:5px;                      //外边距为 5 像素，列表元素间隔拉开
    background:white                 //背景颜色设为白色
}
#number li:hover{                    //鼠标移入样式
    color:white;                     //字体为白色
    background:red;                  //背景为红色
}
#box ul li.active{
    background:#F30;                 //背景色为#F30
}
```

```
</style>
</head>
<body>
  <div id="box">
   <ul>
     <li><img src="images/0.jpg" id="myImg"></li>
   </ul>
   <ul id="number">
     <li class="active">1</li>
     <li>2</li>
     <li>3</li>
     <li>4</li>
     <li>5</li>
   </ul>
  </div>
  </body>
</html>
```

图 6-4　轮播图

　　setTimeout 方法与 setInterval 方法都是用来设置定时时钟，当定时到时都会调用一个函数来完成某个特定的任务。但两者有本质的区别，setTimeout 方法是当定时时间到后仅调用一次指定的函数；而 setInterval 方法是如果不使用 clearInterval 方法，则定时时间到时就调用指定的函数，不限次数。

6.2.3　Window 对象的事件

　　在脚本模型中每一个对象都有相应的事件。常用的事件主要包括 onblur、ondblclick、onfocus、onkeydown、onkeyup、onmousemove、onmouseover、onselectstart、onclick、ondragstart、onhelponkeypress、onmousedown、onmouseout、onmouseup 等，可以为这些对象事件编写不同的事件处理程序，当某个事件被激活时，该事件对应的处理程序将被执行。

　　Window 对象包含上面讲到的大多数对象的事件，这里不再一一详细介绍，仅介绍两个

Window 对象特有的事件：onload（加载）事件和 onunload（关闭）事件。

onload 事件是当浏览器把网页的所有内容全部加载完毕后执行的事件，一般可以通过这个事件在网页加载完毕后打开一些广告窗口，或在线人数在此事件中加 1 等。现在网页设计把所有的 JavaScript 脚本内容都放在这个事件中去进行相应的定义或使用。例 6-3 利用 onload 事件在网页被加载后弹出一个广告页。

例 6-3 example6-3.html

```
<!doctype html>
<html>
  <head>
  <meta charset="utf-8">
  < title>onLoad 事件</title >
  <script>
  window.onload=function(){
      /*open()方法第 1 个参数是打开网页的地址，            */
      /*          第 2 个参数是打开位置，                */
      /*          第 3 个参数是浏览器窗口样式的设定        */
      /*本例中，打开网页地址是 http://www.whpu.edu.cn*/
      /*          且打开的浏览器窗口中无工具条，无菜单条    */
      window.open("http://www.whpu.edu.cn", " ",
                                  "toolbar=no,menubar=no")
  }
  </script>
  </head>
  <body>
    Hello World!
  </body>
</html>
```

onunload 事件是在浏览器窗口被关闭时，也就是当用户离开当前浏览窗口时被触发，一般在该事件中是对一些用户输入的数据进行保存、关闭某些与服务器的连接、在线人数减 1 等应用。例 6-4 利用 onunload 事件在网页被关闭时弹出一个警告框。

例 6-4 example6-4.html

```
<!doctype html>
<html>
  <head>
  <meta charset="utf-8">
  <title>onUnload 事件</title>
  <script>
  window.onunload=function(){
    alert("欢迎下次光临，再见！");
  }
```

```
</script>
</head>
<body>
    Hello World!
</body>
</html>
```

6.3 Document 对象

6.3.1 Document 对象的属性

Document 对象包含页面的实际内容，其属性和方法通常会影响文档在窗口中的外观与内容。所有符合 W3C 标准的浏览器都允许脚本在文档加载后访问页面的文本内容，还允许脚本在页面加载后动态创建内容。Document 对象的许多属性都是文档中其他对象的数组。访问 Document 对象属性的语法格式如下：

```
document. propertyName
```

其中，propertyName 表示属性。Document 对象的常用属性及说明如表 6-3 所示。

表 6-3 Document 对象的常用属性

属　　性	说　　明
title	表示文档的标题
URL	表示文档对应的 URL
domain	表示当前文档的域名
lastModified	表示最后修改文档的时间
cookie	表示与文档相关的 cookie
all	表示文档中所有 HTML 标记符的数组。当前窗口中文档对象的第一个 HTML 标记是 Document.all(0)。可以使用 all 属性对象的属性和方法，例如，Document.all.length 将返回文档中 HTML 标记的个数
applets	表示文档中所有 applets 的信息，每一个 applet 都是这个数组中的一个元素
anchors	表示文档中所有带 NAME 属性的超链接（锚）的数组
forms	表示文档中所有的表单信息，每一个表单都是这个数组的一个元素
images	表示文档中所有的图像信息，每一个图像都是这个数组的一个元素
links	表示文档中所有的超链接信息，每一个超链接都是这个数组的一个元素
referrer	表示链接到当前文档的 URL
embeds	表示文档中所有的嵌入对象的信息，每一个嵌入对象都是这个数组的一个元素

例 6-5 中对 Document 对象的部分属性的使用方法进行演示，在浏览器中的运行结果如图 6-5 所示。

例 6-5 example6-5.html

```html
<!doctype html>
<html>
  <head>
  <meta charset="utf-8">
  <title>document 对象属性</title>
  <style>
    body{
        background-color:#CF9;
    }
  </style>
  <script>
  window.onload=function(){
    myDisp=document.getElementById("disp");
    myDisp.innerHTML="当前文档的标题："+document.title+"<br>";
    myDisp.innerHTML+="当前文档的最后修改日期："
                              +document.lastModified+"<br>";
    myDisp.innerHTML+="当前文档中包含"+document.links.length
                    +"个超级链接"+"<br>";
    myDisp.innerHTML+="当前文档中包含"+document.images.length
                    +"个图像"+"<br>";
    myDisp.innerHTML+="当前文档中包含"+document.forms.length
                    +"个表单"+"<br>";
  }
  </script>
  </head>
  <body>
  <a href="http://www.whpu.edu.cn">超级链接 1</A>
  <a href="http://www.baidu.com">超级链接 2</A>
  <img src="images/0.jpg" height="100" width="120" />
  <img src="images/1.jpg" height="100" width="120" />
  <img src="images/2.jpg" height="100" width="120" />
  <form action ="login.php">
  <input type="text" id="username" />
  </form>
  <div id="disp"></div>
  </body>
</html>
```

图 6-5 Document 对象的属性

205

6.3.2 Document 对象的常用方法

1. getElementById("id")

通过 HTML 元素的 id 属性访问元素，这是 DOM 一个基础的访问页面元素的方法，例如在 HTML 中定义一个标记元素，如下：

```
<div id="box"></box>
```

getElementById 方法返回一个值，通常将该值保存在一个变量中，供后面的脚本语句使用。如果需要获取上面定义的 id="box"的 div 元素，并把其内容改为"Hello"，则使用如下语句：

```
var myBox=document.getElementById("box");
myBox.innerHTML="Hello";
```

通过 getElementById 方法可以快速访问某个 HTML 元素，而不必通过 DOM 层层遍历。另外，使用 getElementById 方法时如果元素的 ID 不是唯一的,会获得第一个符合条件的元素。例 6-6 中定义了两个相同的 ID 元素,用来说明通过 getElementById 方法获取的是哪一个 HTML 元素，其在浏览器中的显示结果如图 6-6 所示。

例 6-6 example6-6.html

```
<!doctype html>
<html>
  <head>
  <meta charset="utf-8">
  <title>getElementById方法</title>
  <script>
window.onload=function(){
    var myId=document.getElementById("myId"); //获取元素对象
    alert("获得的元素标记是"+myId.nodeName); //弹出获取元素的标记名
  }
</script>
</head>
<body>
    <input id="myId" name="myId" type="text"/>
    <div id="myId">
    getElementById方法测试
   </div>
  </body>
</html>
```

图 6-6 getElementById 方法

2. getElementsByName("name")

getElementsByName 方法用于返回 HTML 元素中指定 name 属性的元素数组，而且 getElementsByName()仅用于 Input、Radio、Checkbox 等元素对象。例 6-7 中定义了多个 input 元素，通过 getElementsByName("abc")方法选中 name="abc"的 input 元素，返回的是一个对象数组，可以通过下标访问这个数组，其在浏览器中的显示结果如图 6-7 所示。

例 6-7　example6-7.html

```
<!doctype html>
<html>
   <head>
   <meta charset="utf-8">
   <title>getElementsByName 方法</title>
   <script>
   window.onload=function(){
      var myName=document.getElementsByName("abc");
      var myDisp=document.getElementById("disp");
      myDisp.innerHTML="选中的复选个数是: "+myName.length+"<br>";
      myDisp.innerHTML+="第 2 个复选框的提交的值是:"
                                    +myName[1].value+"<br>";
      myDisp.innerHTML+="第 3 个复选框的选中状态是:"
                                    +myName[2].checked+"<br>";
   }
   </script>
   </head>
   <body>
   <form action="reg.php" method="post">
      用户名: <input type="text" name="username"><br>
      爱好:
        <input type="checkbox" name="abc" value="music">音乐
        <input type="checkbox" name="abc" value="football">足球
        <input type="checkbox" name="abc" value="badminton" checked>羽毛球
        <input type="checkbox" name="abc" value="basketball">篮球
      </form>
    <div id="disp"></div>
   </body>
</html>
```

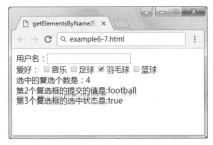

图 6-7　getElementsByName 方法

3. getElementsByTagName(tagname)

getElementsByTagName 方法返回指定 HTML 标记名的元素数组，通过遍历这个数组获得每一个单独的子元素。当处理很多级别元素的 DOM 结构时，使用这种方法可以减少程序代码的工作量。

例 6-8 中定义了多个 p 标记元素，通过 getElementsByTagName("p")方法选中 HTML 标记是<p>的元素，返回的是一个对象数组，可以通过下标访问这个数组，在浏览器中的显示结果如图 6-8 所示。

例 6-8　example6-8.html

```html
<!doctype html>
<html>
  <head>
  <meta charset="utf-8">
  <title>getElementsByTagName 方法</title>
  <script>
window.onload=function(){
    // 获得所有 tagName 是 body 的元素（当然每个页面只有一个）
var myDocumentElements=document.getElementsByTagName("body");
    var myBody=myDocumentElements.item(0);
    // 获得 body 子元素中的所有 p 元素
    var myBodyElements=myBody.getElementsByTagName("p");
    // 获得第二个 p 元素，第一个元素的下标是 0，第二个元素的下标是 1
    var myP=myBodyElements.item(1);
    var myDisp=document.getElementById("disp");
    //显示这个元素的文本
    myDisp.innerHTML="显示第二个 P 元素的内容是："
                                        +myP.firstChild.nodeValue;
}
</script>
</head>
<body>
 <p>hello</p>
 <p>world</p>
 <div id="disp"></div>
</body>
</html>
```

图 6-8　getElementsByTagName 方法

6.3.3　DOM Element 的常用方法

1. appendChild(node)

appendChild 方法是向当前节点对象追加节点，经常用于给页面动态地添加内容。例 6-9 给<ul>添加一个<li>节点，在浏览器中的运行结果如图 6-9 所示。

例 6-9　example6-9.html

```
<!doctype html>
<html>
  <head>
  <meta charset="utf-8">
  <title>appendChild方法</title>
  <script>
  window.onload=function(){
    var newNode=document.createElement("li")       //创建<li>节点
    var newText=document.createTextNode("羽毛球")   //创建节点文字
    newNode.appendChild(newText)                    //<li>节点内容添加文字
    //<ul>添加<li>子节点
    document.getElementById("myNode").appendChild(newNode);
  }
  </script>
  </head>
  <body>
    <ul id="myNode">
      <li>音乐</li>
      <li>足球</li>
      <li>篮球</li>
    </ul>
  </body>
</html>
```

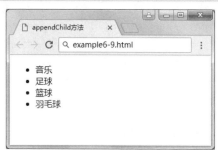

图 6-9　appendChild 方法

2. removeChild(childreference)

removeChild 方法是删除当前节点下的某个子节点，并返回被删除的节点。例 6-10 删除<ul>下的一个<li>节点，在浏览器中的运行结果如图 6-10 所示。

例 6-10 example6-10.html

```
<!doctype html>
<html>
    <head>
    <meta charset="utf-8">
    <title>removeChild方法</title>
    <script>
    window.onload=function(){
        var myUlNode=document.getElementById("myNode");//获取<ul>对象
        //获取<ul>对象下的所有<li>对象
        var myLiNode=myUlNode.getElementsByTagName("li");
        //文字"足球"的<li>对象
        var childNode=myLiNode[1];
        //删除<ul>下指定的<li>对象
        var removedNode=myUlNode.removeChild(childNode)}
    </script>
    </head>
    <body>
        <ul id="myNode">
            <li>音乐</li>
            <li>足球</li>
            <li>篮球</li>
        </ul>
    </body>
</html>
```

图 6-10　removeChild 方法

3. cloneNode(deepBoolean)

cloneNode 方法是复制并返回当前节点的复制节点，这个复制得到的节点是一个孤立的节点，不在 document 树中。该方法复制原来节点的属性值，包括 ID 属性，所以在把这个节点当作新节点加到 document 之前，一定要修改 ID 属性，以便使 ID 属性保持唯一。如果 ID 的唯一性不重要可以不做处理。该方法支持一个布尔参数，当 deepBoolean 设置为 true 时，复制当前节点的所有子节点，包括该节点内的文本。例 6-11 复制某个<ul>下的最后一个<li>节点到指定的<ul>下，本例是把 id="youNode"的<ul>下的最后一个文本为"羽毛球"的<li>节点复制到 id="myNode"的\<ul\>下，在浏览器中的运行结果如图 6-11 所示。

例 6-11　example6-11.html

```html
<!doctype html>
<html>
  <head>
  <meta charset="utf-8">
  <title>coloneNode 方法</title>
  <script>
  window.onload=function(){
    //获取<ul>对象
    var youUlNode=document.getElementById("youNode");
    //获取<ul>对象
    var myUlNode=document.getElementById("myNode");
    //获取<ul>对象下的所有<li>对象
    var youLiNode=youUlNode.getElementsByTagName("li");
    //复制某一个<li>对象
    var newNode=youLiNode[2].cloneNode(true);
    //添加<li>对象到指定的<ul>对象中
    myUlNode.appendChild(newNode);
  }
  </script>
  </head>
  <body>
    <ul id="youNode">你的爱好：
      <li>音乐</li>
      <li>足球</li>
      <li>羽毛球</li>
    </ul>
    <ul id="myNode">我的爱好：
      <li>篮球</li>
      <li>游泳</li>
    </ul>
  </body>
</html>
```

图 6-11　cloneNode 方法

4. replaceChild(newChild, oldChild)

replaceChild 方法是把当前节点的一个子节点替换成另一个节点。例 6-12 是创建一个新的 <li> 节点，并把该节点替换成原有 <ul> 中的最后一个 <li> 节点在浏览器中的运行结果如图 6-12 所示。

例 6-12 example6-12.html

```
<!doctype html>
<html>
  <head>
  <meta charset="utf-8">
  <title>replaceChild 方法</title>
  <script>
  window.onload=function(){
    //获取 ul 对象
    var myUlNode=document.getElementById("myNode");
    //获取<ul>对象下的所有<li>对象
    var myLiNode=myUlNode.getElementsByTagName("li");
    //设定指向最后一个<li>元素的下标
    var lastNodeNumber=myLiNode.length-1;
    //获取最后一个<li>元素
    var oldNode=myLiNode[lastNodeNumber];
    //创建一个新的<li>元素
    var newNode=document.createElement("li");
  //创建元素文本
    var text=document.createTextNode("羽毛球");
    //添加元素文本到新的<li>元素
    newNode.appendChild(text);
    //用新的<li>元素替换<ul>中指定的元素
    myUlNode.replaceChild(newNode,oldNode);
  }
  </script>
  </head>
  <body>
    <ul id="myNode">我的爱好：
      <li>音乐</li>
      <li>足球</li>
      <li>游泳</li>
    </ul>
  </body>
</html>
```

图 6-12　replaceChild 方法

5. insertBefore(newElement, targetElement)

insertBefore 方法是在当前节点中插入一个新节点，如果 targetElement 被设置为 null，那么新节点被当作最后一个子节点插入，否则新节点应该被插入 targetElement 之前的最近位置。例 6-13 创建了一个新的\<li>节点，并把该节点插入到\<ul>的指定位置，本例是插入到\<ul>中最后一个\<li>节点之前，在浏览器中的运行结果如图 6-13 所示。

例 6-13　example6-13.html

```html
<!doctype html>
<html>
 <head>
 <meta charset="utf-8">
 <title>insertBefore 方法</title>
 <script>
window.onload=function(){
  //获取<ul>对象
  var myUlNode=document.getElementById("myNode");
  //获取<ul>对象下的所有<li>对象
  var myLiNode=myUlNode.getElementsByTagName("li");
  //设定指向最后一个<li>元素的下标值
  var lastNodeNumber=myLiNode.length-1;
  //获取最后一个<li>元素
  var oldNode=myLiNode[lastNodeNumber];
  //创建一个新的<li>元素
  var newNode=document.createElement("li");
  //创建元素文本
  var text=document.createTextNode("羽毛球");
  //添加元素文本到新的<li>元素
  newNode.appendChild(text);
  //新的<li>元素插入<ul>中的指定位置
  myUlNode.insertBefore(newNode,oldNode);
}
</script>
</head>
```

```
<body>
  <ul id="myNode">我的爱好：
    <li>音乐</li>
    <li>足球</li>
    <li>游泳</li>
  </ul>
</body>
</html>
```

图 6-13　insertBefore 方法

6.3.4　DOM Element 的属性

1. childNodes 属性

childNodes 属性是返回所有子节点对象，子节点的对象类型主要包括元素（值为 1）、属性（值为 2）、文本（值为 3）、注释（值为 8）、文档（值为 9）。例如，<ul>标记的默认定义如下：

```
<ul>
    文本节点
    <li>元素节点</li>
    文本节点
    <li>元素节点</li>
    文本节点
</ul>
```

ul 元素的返回值会把空的文本节点也当成节点。在例 6-14 中 childNodes.length 的值是 5，该例是通过 childNodes 属性获取 ul 标记元素的子元素对象，并对子元素的类型及个数进行统计，在浏览器中的运行结果如图 6-14 所示。

例 6-14　example6-14.html

```
<!doctype html>
<html>
  <head>
  <meta charset="utf-8">
  <title>childNodes 属性</title>
  <script type="text/javascript">
```

扫一扫，看视频

```
  window.onload=function(){
    elementSum=0;                              //元素节点计数器
    textSum=0;                                 //文本节点计数器
    var oUl=document.getElementById("ul");
    var span1=document.getElementById("span1");
    var span2=document.getElementById("span2");
    var span3=document.getElementById("span3");
    //把子元素个数作为循环的执行次数
    for(var i=0;i<oUl.childNodes.length;i++){
        //返回子元素节点类型
        span2.innerHTML+=oUl.childNodes[i].nodeType+" - ";
        switch(oUl.childNodes[i].nodeType){
          case 1:elementSum++;                 //子元素类型是元素
                break;
          case 3: textSum++;                   //子元素类型是文本
        }
    }
    span1.innerHTML=oUl.childNodes.length;     //子元素个数
    span2.innerHTML=elementSum;
    span3.innerHTML=textSum;
}
</script>
</head>
<body>
  <ul id="ul">
    <li>音乐</li>
    <li>足球</li>
    羽毛球
  </ul>
  childNodes 显示的节点数：<span id="span1"></span><br>
  其中：<br>
   元素类型的节点数是：<span id="span2"></span><br>
   文本类型的节点数是：<span id="span3"></span>
  <br/>
</body>
</html>
```

图 6-14　childNodes 属性

2. innerHTML 属性

innerHTML 属性是符合 W3C 标准的属性，几乎所有支持 DOM 的浏览器都支持这个属性。通过这个属性可以修改一个元素的 HTML 内容。例如 example6-14.html 中对 span 标记的内容进行修改的语句，其写法如下：

```
span1.innerHTML=oUl.childNodes.length;
```

3. style 属性

style 属性返回一个元素的 CSS 样式风格引用，通过该属性可以获得并修改每个单独的样式。例如，修改一个 id="test"元素的背景色，其语句格式如下：

```
document.getElementById("test").style.backgroundColor="yellow"
```

4. 节点访问属性

对节点的访问还有以下主要属性：firstChild（返回第一个子节点）、lastChild（返回最后一个子节点）、parentNode（返回父节点的对象）、nextSibling（返回下一个兄弟节点的对象）、previousSibling（返回前一个兄弟节点的对象）。例 6-15 是对上面几个节点属性访问的实例，在浏览器中的显示结果如图 6-15 所示。

例 6-15 example6-15.html

```
<!doctype html>
<html>
  <head>
  <meta charset="utf-8">
  <title>节点访问属性</title>
  <script type="text/javascript">
    window.onload=function(){
      var oUl=document.getElementById("action");
      var display=document.getElementById("display");
      display.innerHTML="UL 的第一个子元素节点内容:"
                          +oUl.firstChild.innerHTML;
      display.innerHTML+="<br>UL 的最后一个子元素节点内容:"
                          +oUl.lastChild.innerHTML;
      display.innerHTML+="<br>UL 的第一个子元素的兄弟元素节点内容:"
                          +oUl.firstChild.nextSibling.innerHTML;
      display.innerHTML+="<br>UL 的最后一个子元素的前一个兄弟元素节点内容:
                          "+oUl.lastChild.previousSibling.innerHTML;
      display.innerHTML+="<br>UL 的父元素标记是:"
                          +oUl.parentNode.nodeName;
    }
  </script>
  </head>
  <body>
  <div id="main">
```

扫一扫，看视频

```
  <ul id="action">
<li>音乐</li>
<li>足球</li>
<li>羽毛球</li>
<li>游泳</li>
</ul>
  <div id="display"></div>
</div>
</body>
</html>
```

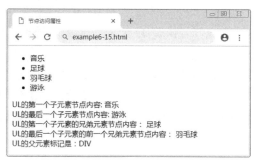

图 6-15　节点访问属性

5. nodeName 属性

nodeName 属性用于返回节点的 HTML 标记名称，返回值使用英文的大写字母表示，例如 p，div。例 6-16 是读取一个元素的标记名，并显示在浏览器中，如图 6-16 所示。

例 6-16　example6-16.html

```
<!doctype html>
<html>
  <head>
  <meta charset="utf-8">
  <title>nodeName 属性</title>
  <script type="text/javascript">
    window.onload=function(){
      var myDiv=document.getElementById("main");
      var display=document.getElementById("display");
      display.innerHTML="ID 属性值是 Box 的标记名为："+myDiv.nodeName;
    }
  </script>
  </head>
  <body>
  <div id="main"></div>
  <span id="display"></span>
  </body>
</html>
```

扫一扫，看视频

217

图 6-16　nodeName 属性

例 6-17 是使用 JavaScript 动态地创建一个 HTML 表格。该例中首先创建一个 table 元素，然后创建一个 TBODY 元素，该元素应该是 TABLE 元素的子元素，在没有进行关联操作之前，这两个元素之间没有任何关系，再使用一个循环语句创建 TR 元素，这些 TR 元素是 TBODY 元素的子元素，再使用一个循环语句创建 TD 元素，使这些 TD 元素是 TR 元素的子元素。对于每一个 TD，再创建一个文本节点元素。最后把创建好的 TABLE、TBODY、TR、TD 及文本元素进行层级关系级联，在浏览器中显示的结果如图 6-17 所示。

例 6-17　example6-17.html

```
<!doctype html>
<html>
 <head>
 <meta charset="utf-8">
 <title>元素创建</title>
 <script type="text/javascript">
  window.onload=function(){
      //获得body的引用
      var mybody=document.getElementsByTagName("body").item(0);
      //创建一个<table></table>元素
      mytable = document.createElement("TABLE");
      //创建一个<TBODY></TBODY>元素
      mytablebody = document.createElement("TBODY");
      //创建行列
      for(j=0;j<3;j++) {
          //创建一个<TR></TR>元素
          mycurrent_row=document.createElement("TR");
          for(i=0;i<3;i++) {
              //创建一个<TD></TD>元素
              mycurrent_cell=document.createElement("TD");
              //创建一个文本元素
              currenttext=document.createTextNode("本单元格行是："+j+"，列是"+i);
              //把新的文本元素添加到单元TD上
              mycurrent_cell.appendChild(currenttext);
              //把单元TD添加到行TR上
              mycurrent_row.appendChild(mycurrent_cell);
          }
```

扫一扫，看视频

```
                //把行 TR 添加到 TBODY 上
                mytablebody.appendChild(mycurrent_row);
            }
        //把 TBODY 添加到 TABLE
        mytable.appendChild(mytablebody);
        //把 TABLE 添加到 BODY
        mybody.appendChild(mytable);
        //把 mytable 的 border 属性设置为 2
        mytable.setAttribute("border","2");
    }
</script>
</head>
<body>
<div id="main"></div>
<span id="display"></span>
</body>
</html>
```

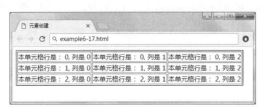

图 6-17　元素创建

例 6-17 中建立元素各层级关系是以相反的顺序把每个对象添加到其父节点上，关键语句的说明如下：

```
//把文本元素对象添加到单元格对象
mycurrent_cell.appendChild(currenttext);
//把单元格对象添加到行对象
mycurrent_row.appendChild(mycurrent_cell);
//把行对象添加到表格的体元素对象
mytablebody.appendChild(mycurrent_row);
//把表格的体元素对象添加到表格对象
mytable.appendChild(mytablebody);
```

6.4　Form 对象

如果要在 HTML 文档中放入表单元素，可以把表单元素插入<FORM>标记中，当在 HTML 中加入表单后，浏览器在运行这个 HTML 文件时会产生对应这个表单的表单对象，在<FORM>和</FORM>之间是表单中含有的各个表单子对象。

表单对象产生后，用户就可以通过表单对象访问各个元素的信息。访问表单中的元素主要有两种方法。

（1）通过表单名。表单隶属于页面文档，表单对象隶属于当前的 Document 对象，所以可以用"document.表单名"的形式访问表单对象。例如，有表单名为 myform1，就可以使用 document.myform1 来访问该表单。

（2）通过 forms 数组。除了通过表单名访问表单之外，浏览器还提供了一个数组（forms 数组）来存储产生的表单对象，可以利用这个数组来访问表单对象。方法是：

```
document.forms[下标]
```

其中下标既可以使用 0、1 等数字指定（0 代表在 HTML 文档中加入的第 1 个表单元素，1 代表第 2 个表单元素，以此类推），也可以使用要访问的表单名指定。例如，使用这种方法访问上面例子中的 myform1，语句格式为 document.forms[' myform1']。

用户是通过表单对象中的各个表单元素提供信息的，对这些表单元素的访问有以下两种方法。

（1）通过表单元素的名称。可以通过表单元素的名称直接进行访问，其格式是：

```
document.表单名.表单元素名
```

例如，表单名 myform1，其中有 2 个表单元素，名字分别为t1、r1，访问方法如下：

```
document.myform1.t1  或者  document.forms[0].t1
document.myform1.r1  或者  document.forms[0].r1
```

（2）通过 elements 数组。浏览器还为每一个表单对象分配了一个名为 elements 的数组来保存该表单中嵌入的元素对象。数组下标从 0 开始，0 代表该表单对象中嵌入的第 1 个元素对象，1 代表第 2 个元素对象，以此类推，可以使用这个数组访问表单对象中的元素。形式如下：

```
document.myform1.elements[0], document.forms[0].elements[0]
document.myform1.elements[1], document.forms[0].elements[1]
```

表单对象的属性、方法和事件如表 6-4 所示。

表 6-4　表单对象的属性、方法和事件

属性、方法和事件	说　　明
name	表示表单的名称
length	表示表单中元素的数目
action	表示表单提交时执行的动作，通常是一个服务器端脚本程序的 URL
elements	表示表单中所有控件元素的数组，数组的下标就是控件元素在 HTML 源文件中的序号
encoding	表示表单数据的编码类型
method	表示发送表单的 HTTP 方法，取值为 get 或 post
target	表示用来显示表单结果的目标窗口或框架，取值可以是 _self、_parent、_top 或 _blank
reset()	将所有表单控件元素的值重新设置为其默认值，相当于单击表单中的"重置"按钮
submit()	提交表单，相当于单击表单中的"提交"按钮
onReset	单击"重置" 按钮时触发
onSubmit	单击"提交" 按钮时触发

例 6-18 说明 Form 表单对象的属性、方法和事件及其使用方法，其在浏览器中的运行结果如图 6-18 和图 6-19 所示。

例 6-18　example6-18.html

```html
<!doctype html>
<html>
  <head>
  <meta charset="utf-8">
  <title>form对象属性、事件、方法</title>
  <script type="text/javascript">
    window.onload=function(){
     var myBtn=document.getElementById("btn");
     myBtn.onclick=function(){
       newWin=window.open("","","height=300,width=350")
       //通过表单的length属性，输出表单form1内嵌的表单元素的个数
       newWin.document.write("文档中共包含"+document.form1.length
                                      +"个元素,分别是: <P>");
       newWin.document.write("<UL>")
       //通过length属性控制循环输出各个元素的名称
       for(i=0;i<document.form1.length;i++){
       newWin.document.write("<LI>"+document.form1.elements[i].name
                                      +"</LI>");

       }
       newWin.document.write("<UL>")
     }
    }
  </script>
  </head>
  <body>
  <form  name="form1" action ="login.aspx">
    文本框1:<input name ="lbCurrent"/><P>
    文本框2:<input name ="lbNext"/><P>
    <H3>单击按钮显示表单中的元素信息:</H3>
    请单击按钮<input type="button"id="btn" name="lyd"
  value="显示表单中的元素名称"/>
  </form>
  </body>
</html>
```

图 6-18　Form 对象（1）　　　　图 6-19　Form 对象（2）

本章小结

本章主要讲解了 DOM 编程中主要对象的属性和方法。首先讲解了浏览器中的两种基本模型（BOM 模型和 DOM 模型），然后对 Window 对象和 Document 对象的属性、方法和事件进行详细阐述，并通过一系列实例说明 Window 对象和 Document 对象在编程过程中应当注意的地方，最后简要地对 Form 对象进行说明。通过本章的学习，重点掌握在 DOM 中网页元素是组织成树形的节点结构，能通过所学习对象的相应方法动态地操作页面中的节点，熟练掌握各种对象相关的事件处理方法。

习　题　六

一、选择题

1. 实现在浏览器的状态栏放入一条消息的正确语句是（　　　）。

    A. statusbar = "put your message here"

    B. window.status = "put your message here"

    C. window.status("put your message here")

    D. status("put your message here")

2. 下列不属于文档对象的方法的是（　　　）。

    A. createElement　　　　B. getElementById　　　　C. getElementByName　　D. forms.length

3. 这段代码的运行结果是（　　　）。

```
<script language="JavaScript">
    document.writeln("文档最后修改于"+document.lastModified);
    var lastModObj=new Date(document.lastModified);
    alert(lastModObj.getMinutes());
</script>
```

A. 弹出一个对象框　　　　　　　　　　B. 没有任何输出

C. 在文档中显示文档最后修改的时间　　D. 在对话框中显示文档最后修改的时间

4. 以下属于 H:story 对象属性的是（　　　）。

A. current　　　　　B. length　　　　　C. href　　　　　D. next

5. 不属于访问指定节点的方法的是（　　　）。

A. obj.value

B. getElementByTagName

C. getElementsByName

D. getElementById

6. 对下列代码的分析正确的是（　　　）。

```
function msg( ){
        var p=document.createElement("p");
        var Text=document.createTextNode("Hello!");
        p.appendChild("Text");
        document.body.appendChild(p);
}
```

A. 代码第 2 行是创建一个<p>元素标签　　B. 代码第 3 行是创建一个文本节点

C. <p>是文本节点的子节点　　　　　　　D. 这段代码的作用是创建新的节点

7. 编写 JavaScript 函数实现网页背景色选择器，下列选项中正确的是（　　　）。

A. function change(color){window.bgColor=color;}

B. function change(color){document.bgColor=color;}

C. function change(color){body.bgColor=color;}

D. function change(color){form.bgColor=color; }

8. 如果在 HTML 页面中包含如下图片标签，则选项中的（　　　）语句能够实现隐藏该图片的功能。

```
<img id="pic" src="sunset.jpg" width="400" height="300">
```

A. document.getElementById("pic").style.display="visible";

B. document.getElementById("pic").style.display="disvisible";

C. document.getElementById("pic").style.display="block";

D. document.getElementById("pic").style.display="none";

9. 声明一个对象，给它加上 name 属性和 show 方法显示其 name 值，以下代码中正确的是（　　　）。

A. var obj = [name:"zhangsan",show:function(){alert(name);}];

B. var obj = {name:"zhangsan",show:"alert(this.name)"};

C. var obj = {name:"zhangsan",show:function(){alert(name);}};

D. var obj = {name:"zhangsan",show:function(){alert(this.name);}};

10. 以下关于 Array 数组对象的说法不正确的是（　　　）。

A. 对数组中数据的排序可以用 sort 函数，如果排序效果非预期，可以给 sort 函数加一个排序函数的参数。

B. reverse 用于对数组数据的倒序排列。

C. 向数组的最后位置加一个新元素，可以用 push 方法。

D. unshift 方法用于对数组删除第一个元素。

二、问答题

1. 列举浏览器对象模型 BOM 中常用的对象（至少 4 个），并列举 window 对象的常用方法（至少 5 个）。

2. 列举文档对象模型 DOM 中 document 常用的查找访问节点的方法并简单说明。

三、程序题

1. 补充按钮事件的函数，确认用户是否退出当前页面，确认之后关闭窗口。

```html
<html>
    <head>
        <script type="text/javascript" >
        function closeWin(){
            //在此处添加代码
         }
        </script>
    </head>
    <body>
    <input type="button" value="关闭窗口" onclick="closeWin()"/>
    </body>
</html>
```

2. 完成 foo()函数的内容，要求能够弹出对话框提示当前选中的是第几个单选按钮。

```html
<html>
    <head>
    <meta http-equiv="Content-Type" content="text/html; charset=utf-8"/>
    </head>
    <body>
    <script type="text/javascript" >
    function foo(){
        //在此处添加代码
    }
    </script>
    <body>
    <form name="form1" onsubmit="return foo();">
    <input type="radio" name="radioGroup"/>
    <input type="radio" name="radioGroup"/>
    <input type="radio" name="radioGroup"/>
    <input type="radio" name="radioGroup"/>
    <input type="submit"/>
    </form>
    </body>
</html>
```

3. 完成函数 showImg()，要求能够根据下拉列表的选项变化动态地更新图片的显示。

```
<script type="text/javascript" >
function showImg (oSel)  {
//在此处添加代码
}
</script>
<body>
<img id="pic" src="img1.jpg" width="200" height="200" />
<br/>
<select id="sel" onchange="showImg(this)">
    <option value="img1">足球</option>
    <option value="img2">乒乓球</option>
    <option value="img3">音乐</option>
</select>
</body>
```

4. 分析下面的代码，简述其功能。

```
<html>
    <head>
        <script type="text/javascript">
            function writEit (value) {
                document.myfm.first_text.value=value;
            }
        </script>
    </head>
    <body bgcolor="#ffffff">
    <form name="myfm">
      <input type="text" name="first_text">
      <input type="text" name="second_text" onchange="writeIt(value)">
     </form>
    </body>
</html>
```

实验六　BOM 与 DOM 编程

一、实验目的

1. 掌握 window 对象和 document 对象的常用方法。

2. 掌握 JavaScript 获取网页元素的三种方法。

3. 掌握使用 getElement 系列方法实现 DOM 元素的查找和定位。

4. 掌握使用 CoreDOM 实现节点的获取、添加与删除等操作。

5. 重点掌握使用 HTML DOM 操作实现节点的增加与删除操作。

二、实验内容

使用 HTML DOM 操作表格数据。页面初始状态如实验图 6-1 所示，使用 HTML DOM 的相关方法完成增加一行和删除选中相应复选框的对应行的功能，如实验图 6-2~图 6-4 所示。

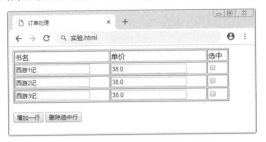

实验图 6-1　初始状态

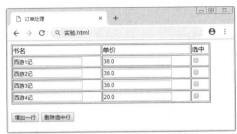

实验图 6-2　单击按钮增加一行

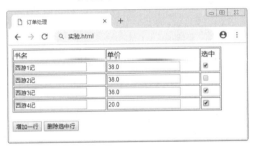

实验图 6-3　通过复选框选中某些行

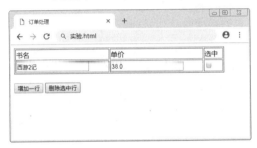

实验图 6-4　删除选中行

三、实验主要代码及详细语句说明

四、实验总结

（主要写实验中遇到的问题及解决方法）

第 7 章

数据验证

本章知识目标：

本章主要讲解网页中数据的验证方式，其重点是对正则表达式的理解。通过本章的学习，读者应该掌握以下内容：

❑ 正则表达式的组成及定义的基本语法；

❑ JavaScript 语言中应用正则表达式的方法；

❑ 正则表达式在网页设计中的具体应用。

扫一扫，看PPT

7.1 正则表达式

7.1.1 正则表达式概述

1. 概述

当需要将用户填写的信息提交到服务器时，有两种方法验证用户填写的信息是否符合要求。一种方式是客户端直接把信息提交给服务器，由服务器验证信息的正确性，如果验证出错，则需要把一些出错信息发送给客户端，让客户重新输入并再次把输入的信息提交给服务器重新进行验证，如果验证输入的数据错误较多，这种方法会增加服务器和网络的开销。为了减轻服务器的负担，一般采用第二种方法，即在用户输入数据提交到服务器之前利用JavaScript 脚本语言在客户端完成表单验证。如果验证出现问题，直接给用户相应的提示；如果验证通过，表单数据提交给服务器处理。客户端的表单验证可以确保提交到服务器的内容都是符合要求的。常见的表单验证主要分为以下几种类型。

（1）必填项验证。表单中的必填项在提交到服务器之前是不允许为空的，例如注册表单的用户名和密码等选项。通过验证表单控件的 value 值是否为空可以验证必填项。

（2）长度验证。表单中某些控件可输入内容的长度有时必须在一个范围内，例如电话号码、手机号码等。通过验证表单控件 value 值的 length 属性可以验证长度。

（3）特殊内容格式验证。表单中某些控件的数据输入格式是有要求的，例如有的控件只能输入数字，有的只能输入字符，有的只能输入数字和字符的混合，而且必须要符合一定的格式（例如日期时间类的输入）。一般可以通过正则表达式来验证特殊内容的格式。

（4）验证两个表单控件的值是否相等。表单中某些控件输入数据的值必须是相同的，例如密码和确认密码。为了使用户对密码确认无误，一般要求两次输入的密码相同，可以通过验证表单控件的 value 值是否相等来实现。

（5）电子邮箱的格式验证。电子邮箱的格式属于特殊内容的验证，但电子邮箱的格式比较常用。例如大多数注册的用户信息中都包括电子邮箱地址，如果用户忘记密码，可以通过电子邮件取回密码。一般可以通过正则表达式验证电子邮箱的格式。

表单验证是对一个字符串是否符合一种特定格式进行判断，这种特殊规则表达式也称为正则表达式（Regular Expression，在代码中常简写为 regex），也就是说正则表达式通常用来检索、替换那些符合某个模式（规则）的文本。

2. 正则表达式的定义

正则表达式是使用单个字符串来描述、匹配一系列符合某个句法规则的字符串，可以分为普通正则表达式、扩展正则表达式、高级正则表达式。正则表达式的主要作用如下。

（1）测试字符串的某个模式。例如，可以对一个输入字符串进行测试，看该字符串是否是一个电话号码或一个信用卡号码，进行数据有效性验证。

（2）替换文本。可以在文档中使用一个正则表达式来标识特定文字，然后可以将其全部删除，或者替换为其他文字。

（3）根据模式匹配从字符串中提取一个子字符串。可以使用正则表达式在文本或输入字段中查找特定文字。

正则表达式的特点是具有很强的灵活性、逻辑性和功能性，同时可以用极简单的方式达到字符串的复杂控制。

3. 正则表达式的组成

正则表达式由两种基本字符类型组成：普通字符和元字符。大多数字符仅能够描述其本身，这些字符称作普通字符，例如所有的字母和数字，也就是说普通字符只能够匹配字符串中与它们相同的字符。元字符指那些在正则表达式中具有特殊意义的专用字符，可以用来规定其前导字符（即位于元字符前面的字符）在目标对象中的出现模式。例如字符^ $. * + ? = ! :| \ / ( ) [ ] { }，在正则表达式中都具有特殊含义。如果要匹配这些具有特殊含义的字符直接量，需要在这些字符前面加反斜杠（\）进行转义。例如匹配"ab 开头，后面紧跟数字字符串"的正则表达式是"ab\d+"，其中 ab 就是普通字符，\d 代表可以是 0~9 之间的数字，+代表前面字符可以出现 1 次或 1 次以上。

4. 正则表达式实例

例 7-1 中定义了一串包含数字和字符的字符串，利用正则表达式把其中的数字挑选出来，在浏览器中的显示结果如图 7-1 所示。

例 7-1　example7-1.html

```
<!doctype html>
<html>
  <head>
  <meta charset="utf-8">
  <title>正则表达式</title>
  <script>
window.onload=function(){
  var pattern=/\d+/g;                    //定义正则表达式
  var str="hello122i45ehe9876";          //定义包含字符和数字的字符串
  var strArr=str.match(pattern);         //进行正则匹配，返回数组将保存到 strArr 变量
  for(i=0;i<strArr.length;i++){          //对返回数组 strArr 进行遍历
    document.write("匹配的第"+i+"个数字是: "+strArr[i]+"<br>");
  }
}
  </script>
  </head>
  <body>
  </body>
<html>
```

扫一扫，看视频

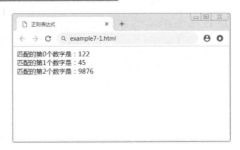

图 7-1   正则表达式

例 7-1 中正则表达式"/ \d+/g"的含义: \d 表示数字; +表示 1 个或多个字符; 双斜杠表示正则表达式的开始和结束; 双斜杠后的字母 g 表示进行多次查找。

7.1.2   普通字符

普通字符只能够匹配与自身相同的字符, 正则表达式中的普通字符如表 7-1 所示。

表 7-1   正则表达式中的普通字符

字　　符	匹　　配	字　　符	匹　　配
字母或数字	自身对应的字母或数字	\?	一个?直接量
\f	换页符	\\|	一个|直接量
\n	换行符	\(	一个(直接量
\r	回车	\)	一个)直接量
\t	制表符	\[	一个[直接量
\v	垂直制表符	\]	一个]直接量
\ /	一个/直接量	\{	一个{直接量
\\	一个\直接量	\}	一个}直接量
\.	一个.直接量	\XXX	由十进制数 XXX 指定的 ASCII 码字符
*	一个*直接量	\Xnn	由十六进制数 nn 指定的 ASCII 码字符
\+	一个+直接量	\cX	控制字符^X

例 7-2 中定义了一串包含数字和字符的字符串, 利用正则表达式把其中带有"is"的单词挑选出来, 在浏览器中的显示结果如图 7-2 所示。

例 7-2   example7-2.html

```
<!doctype html>
<html>
  <head>
  <meta charset="utf-8">
  <title>正则表达式</title>
  <script>
  window.onload=function(){
```

扫一扫, 看视频

```
    var pattern=/[A-Za-z]*is+/g;            //定义正则表达式
    var str="This is test regex.";          //定义包含字符和数字的字符串
    var strArr=str.match(pattern);          //进行正则匹配，返回数组将保存到 strArr 变量
    for(i=0;i<strArr.length;i++){           //对返回数组 strArr 进行遍历
        document.write("匹配的第"+i+"个数字是："+strArr[i]+"<br>");
    }
}
</script>
</head>
<body>
</body>
<html>
```

图 7-2　普通字符

7.1.3　元字符

元字符指在正则表达式中有着特殊含义的字符，其代表一些普通字符。元字符大致可以分为两种：一种用来匹配文本，另一种是正则表达式的语法要求的元字符。

1. 中括号[]

正则表达式中的元字符"[ ]"用来匹配所包含字符集合中的任意一个字符，例如正则表达式"r[aou]t"中的"[aou]"表示由三个字母组成的集合，该集合中的任意一个字符和普通字符组成一个匹配查询，本例中将匹配 rat、rot 和 rut。

正则表达式还可以在括号中使用连字符"-"来指定字符的区间，例如正则表达式[0-9]可以匹配任何数字字符，正则表达式[a-z]可以匹配任何小写字母。

还可以在中括号中指定多个区间，例如正则表达式[0-9A-Za-z]可以匹配任意大小写字母以及数字字符。

要想匹配除了指定区间之外的字符，也就是所谓的补集，在左边的括号和第一个字符之间使用"^"字符，例如正则表达式[^A-Z]将匹配除了所有大写字母之外的任何字符。

2. 常用的元字符

表 7-2 中列出了正则表达式中常用的元字符，每一个元字符都有特殊含义。

表 7-2　常用的元字符及说明

代　　码	说　　明
.	匹配除换行符以外的任意一个字符
\w	匹配任意一个字母或数字或下划线，等价于[0-9a-zA-Z_]
\W	匹配除了字母或数字或下划线或汉字以外的任意一个字符，等价于[^0-9a-zA-Z_]
\s	匹配任意一个空白符，等价于[\f\n\r\t\v]
\S	匹配任意一个非空白符，等价于[^\f\n\r\t\v]
\d	匹配一个数字字符，等价于[0-9]或[0123456789]
\D	匹配一个非数字字符，等价于[^0-9]或[^0123456789]
\b	匹配单词的开始或结束
^	匹配字符串的开始
$	匹配字符串的结束

3. 特殊元字符

因为元字符在正则表达式中有特殊含义，所以这些字符无法用来代表其本身。在元字符前面加上一个反斜杠可以对其进行转义，这样得到的转义序列将匹配字符本身，而不是其所代表的特殊元字符的含义。

另外，在进行正则表达式搜索的时候，经常会遇到需要对原始文本中的非打印空白字符进行匹配的情况。例如需要把所有的制表符找出来，或者需要把换行符找出来，这类字符很难被直接输入到一个正则表达式中，这时可以使用如表 7-3 所示的特殊元字符进行输入。

表 7-3　特殊元字符

字　　符	说　　明	字　　符	说　　明
\b	回退（并删除）一个字符（Backspace 键）	\r	回车符
\f	换页符	\t	制表符（Tab 键）
\n	换行符	\v	垂直制表符

4. 复制字符

除了可以使用直接字符或元字符来描述正则表达式之外，还可以使用复制字符来表达字符的重复模式。正则表达式的复制字符及说明如表 7-4 所示。

表 7-4　正则表达式的复制字符及说明

字　　符	说　　明	字　　符	说　　明
*	重复 0 次或更多次	{n}	重复 n 次
+	重复一次或更多次	{n,}	重复 n 次或更多次
?	重复 0 次或一次	{n,m}	重复 n 到 m 次

在定义正则表达式时，首先要从分析匹配字符串的特点开始，然后逐步补充其他元字符、普通字符，匹配顺序从左到右。例 7-3 中具有匹配一个电信手机号码的正则表达。首先电信的手机号码都是 11 位数字，另外电信号码段前三个数字是 133、153、180、181、189，后面都是 0~9 之间的数字，具体分析如下：

（1）分析字符串特点，手机号码是 11 位数字，并且以 1 开头，后面两位是 33、53、80、81、89。

（2）电信手机号可以写成 1[35]3 或者 18[019]开头的三位数字。

（3）手机号的数字长度是 11 位，可以继续补充 8 位数字，正则表达式为 1[35]3\d{8} 或者 18[019]\d{8}，其中\d 表示数字，{8}表示它左边字符（一个数字）可以重复出现 8 次。

（4）所有字符必须是 11 位，因此头尾必须满足条件，因此可以是^1[35]3\d{8}|18 [019]\d{8}$，其中 "|" 表示或者的意思。

例 7-3 在浏览器中的运行结果如图 7-3 所示。

例 7-3　example7-3.html

```
<!doctype html>
<html>
  <head>
  <meta charset="utf-8">
  <title>正则表达式</title>
  <script>
window.onload=function(){
  var mobileArr=new Array("13312345678","13712345678","18012345678",
            "189123456789","1531234567","181123456789");
  var pattern=/^1[35]3\d{8}|18[019]\d{8}$/;
  document.write("手机号列表如下： <br>");
  for(i=0;i<mobileArr.length;i++){
      document.write(mobileArr[i]+"<br>");
  }
  document.write("<br>符合电信手机号规则的列表如下： <br>");
  for(i=0;i<mobileArr.length;i++){
      if(pattern.test(mobileArr[i]))
        document.write(mobileArr[i]+"<br>");
  }
}
  </script>
  </head>
  <body>
  </body>
<html>
```

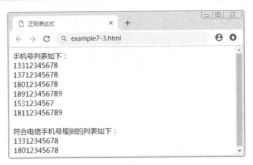

图 7-3　复制字符的应用

7.1.4　字符的选择、分组与引用

1. 选择

在正则表达式中，可以使用分隔符指定待选择的字符，例如正则表达式"/xy|ab|mn/"可以匹配字符串"xy"，或者字符串"ab"，或者字符串"mn"。又如正则表达式"/\d{4}|[a-z]{3}/"可以匹配 4 位数字或者 3 位小写字母。例 7-3 就是利用分隔符进行两类手机号的指定。

2. 分组

前面说明了单个字符后加上重复复制的限定符可以在正则表达式中规定多个字符的范围，但如果需要重复的是一个字符串时，可以用小括号来指定子表达式（也叫作分组），然后指定这个子表达式的重复次数。

例 7-4 是 IPv4 地址的正则表达式，目的是让读者理解正则表达式中分组的概念。IPv4 地址是 32 位的，采用点分十进制方法表示，即 32 位地址以 8 位为一个单元，每个单元用十进制表示，单元与单元之间用小数点隔开。(\d{1,3}\.){3}\d{1,3}是一个简单的 IP 地址匹配表达式，要理解这个表达式，请按下列顺序进行分析：\d{1,3}表示匹配 1~3 位数字，(\d{1,3}\.){3}匹配三位数字加上一个英文句号（这个整体也就是这个分组）并重复 3 次，最后加上一个 1~3 位的数字(\d{1,3})。这个正则表达式的严谨性不够，例如有一些不符合规则的 IP 地址也认为是合法的 IP 地址，例如 256.300.888.999（错误原因是 IP 地址中每个数字都不能大于 255）。如果能使用算术比较，可以较容易地解决这个问题，但是正则表达式中并不提供关于数学的任何功能，所以只能使用分组或选择字符类来描述一个正确的 IP 地址。具体分析如下：

（1）IPv4 地址中一个单元十进制数的范围是 0~255，可以分解一位数时是 0~9，两位数时是 10~99，三位数时是 100~199、200~249 或者 250~255。

（2）由此得到 1 个单元的正则表达式为：

```
[0-9]|[1-9][0-9]|1[0-9]{2}|2[0-4][0-9]|25[0-5]
```

其中"|"表示或者，计算优先级最低，左右两边可以是多个元字符、普通字符、组合字符串为一个整体。

（3）这样的 1 个单元字符需要重复 3 次，每个单元中间需要用点隔开，所以正则表达式是：

```
((([0-9]|[1-9][0-9]|1[0-9]{2}|2[0-4][0-9]|25[0-5])\.){3}
```

其中，点字符是元字符，需要转义。

（4）最后还有一段 0~255 匹配，所以最终的 IP 地址正则表达式为：

```
^((([0-9]|[1-9][0-9]|1[0-9]{2}|2[0-4][0-9]|25[0-5])\.){3}([0-9]|[1-9][0-9]|
1[0-9]{2}|2[0-4][0-9]|25[0-5])$
```

例 7-4 在浏览器的运行结果如图 7-4 所示。

例 7-4　example7-4.html

```
<!doctype html>
<html>
  <head>
  <meta charset="utf-8">
  <title>分组正则表达式</title>
  <script>
  window.onload=function(){
    var ipArr=new Array("98.a.3.3","192.168.1.1","172.268.3.4","10-1-2-1");
    var pattern=/^((([0-9]|[1-9][0-9]|1[0-9]{2}|2[0-4][0-9]|25[0-5])\.){3}
                  ([0-9]|[1-9][0-9]|1[0-9]{2}|2[0-4][0-9]|25[0-5])$/;
    document.write("地址列表如下：<br>");
    for(i=0;i<ipArr.length;i++){
      document.write(ipArr[i]+"<br>");
    }
    document.write("<br>其中的 IP 地址列表如下：<br>");
    for(i=0;i<ipArr.length;i++){
      if(pattern.test(ipArr[i]))
        document.write(ipArr[i]+"<br>");
    }
  }
  </script>
  </head>
  <body>
  </body>
<html>
```

图 7-4　分组正则表达式

3. 后向引用

使用小括号指定一个子表达式后，匹配这个子表达式的文本可以在表达式或其他程序中做进一步处理。默认情况下，每个分组会自动拥有一个组号，规则是：从左向右，以分组的左括号为标志，第一个出现的分组的组号为 1，第二个为 2，以此类推。

后向引用用于重复搜索前面某个分组匹配的文本。例如，\1 代表分组 1 匹配的文本。正则表达式 "/ \b(\w+)\b\s+\1\b /" 可以用来匹配重复的单词，例如 Hi Hi，Go Go。首先用正则表达式 "\b(\w+)\b" 匹配一个单词，也就是单词开始处和结束处之间的字母或数字，然后是一个或几个空白符（\s+），最后是前面匹配的那个单词（\1）。

例 7-5 中的正则表达式表示从一个字符串数组中找到 abab 或者 abba 的数字，在浏览器中的显示结果如图 7-5 所示。

例 7-5 example7-5.html

```
<!doctype html>
<html>
  <head>
  <meta charset="utf-8">
  <title>后向引用正则表达式</title>
  <script>
  window.onload=function(){
    var numberArr=new Array("1212","1234","1221","1231");
    var pattern=/(\d)(\d)\2\1|(\d)(\d)\3\4/;
    document.write("数字列表如下：<br>");
    for(i=0;i<numberArr.length;i++){
      document.write(numberArr[i]+"<br>");
    }
    document.write("<br>其中符合 abba 或 abab 的列表如下：<br>");
    for(i=0;i<numberArr.length;i++){
      if(pattern.test(numberArr[i]))
        document.write(numberArr[i]+"<br>");
    }
  }
  </script>
  </head>
  <body>
  </body>
<html>
```

除了这种默认的分组编号之外，还可以指定子表达式的组名。要指定一个子表达式的组名，语法格式如下：

```
(?<Word>\w+)    或者  (?'Word'\w+)
```

这样就把 \w+ 的组名指定为 Word。要反向引用这个分组捕获的内容，可以使用 \k<Word>，所以例 7-5 的正则表达式也可以写成：

```
/(?<n1>\d)(?<n2>\d)\k<n2>\k<n1>|(?<m1>\d)(?<m2>\d)\k<m1>\k<m2>/
```

图 7-5 后向引用正则表达式

7.1.5 正则表达式的修饰符

修饰符是影响整个正则规则的特殊符号，会对匹配结果和部分内置函数行为产生不同的效果。

1. 忽略大小写和全局修饰符

修饰符 i（intensity）表示匹配结果忽略大小写，修饰符 g（global）表示全局查找，对于一些特定的函数，将查找整个字符串，获得所有的匹配结果，而不仅仅在得到第一个匹配后停止。

例 7-6 中定义了一个字符串，把这串字符中的所有"linux"子串查找出来，并且忽略子串匹配的大小写，在浏览器中的显示结果如图 7-6 所示。

例 7-6 example7-6.html

```
<!doctype html>
<html>
  <head>
  <meta charset="utf-8">
  <title>忽略大小写修饰符</title>
  <script>
window.onload=function(){
  var str="LiNuxand php,aaaLINUXaa and linux and lamp";
  var pattern=/linux/ig;
  document.write("源串如下：<br>"+str);
  strArr=str.match(pattern);
  document.write("<br>找到的 linux 子串如下：<br>");
  for(i=0;i<strArr.length;i++){
      document.write(strArr[i]+"<br>");
  }
}
  </script>
  </head>
  <body>
  </body>
</html>
```

扫一扫，看视频

图 7-6　正则表达式修饰符

例 7-6 的正则表达式 "/linux/ig" 中，如果没有 "i"，那么匹配的结果只有 "linux"；如果没有 "g"，那么匹配的结果只有第一个符合规则的字符串 "LiNux"。

2. 换行修饰符

修饰符 m（multiple）是检测字符串中的换行符，主要是影响字符串开始标识符^和结束标识符$的使用。

例 7-7 中定义了一个字符串，这个字符串包含换行符 "\n"，把这个字符串中所有以"linux"开头的子串查找出来，并且忽略子串匹配的大小写，在浏览器中的显示结果如图 7-7 所示。

例 7-7　example7-7.html

```
<!doctype html>
<html>
  <head>
  <meta charset="utf-8">
  <title>换行修饰符</title>
  <script>
window.onload=function(){
    var str="Linuxand php,\nLINUXaa and linux and lamp";
   var pattern=/^linux/igm;              //把每一行中以 linux 开头的子串匹配出来
   document.write("源串如下：<br>"+str);
   strArr=str.match(pattern);
   document.write("<br>找到的 linux 子串如下：<br>");
   for(i=0;i<strArr.length;i++){
        document.write(strArr[i]+"<br>");
   }
}
  </script>
  </head>
  <body>
  </body>
<html>
```

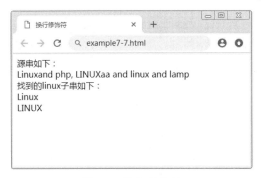

图 7-7　换行修饰符

3. 贪婪模式

贪婪模式的特性是一次性地读入整个字符串，如果不匹配就删除最右边的一个字符再匹配，直到找到匹配的字符串或字符串的长度是 0 为止，其宗旨是读尽可能多的字符，所以读到第一个匹配字符串时立刻返回。

例 7-8 中定义字符串 "<b>Linux</b> an <b>php</b> linux abc"，现在需要完成的任务是要把标记对 "<b></b>" 之间的内容捕获出来，即 Linux 和 php。正则表达式的构建过程如下。

（1）以标记 b 开头与结尾，需要把 "<b>待添加</b>" 转换成正则，其中<b></b>当作普通字符。

（2）标记<b></b>之间可以出现任意字符，个数可以是 0 个或者多个，正则表达式可以表示为 "<b>.*</b>"，其中 "." 代表任意字符，默认模式不匹配换行，"*" 表示重复前面字符 0 个或者多个。

例 7-8 在浏览器中的显示结果如图 7-8 所示。

例 7-8　example7-8.html

```
<!doctype html>
<html>
  <head>
  <meta charset="utf-8">
  <title>贪婪模式</title>
  <script>
window.onload=function(){
  var str="<b>Linux</b> an <b>php</b> linux abc";
  var pattern=/<b>.*<\/b>/g;
  document.write("源串如下: <br>"+str);
  strArr=str.match(pattern);
  document.write("<br>找到的匹配的子串如下: <br>");
  for(i=0;i<strArr.length;i++){
      document.write(strArr[i]+"<br>");
  }
}
```

扫一扫，看视频

```
  </script>
  </head>
  <body>
  </body>
<html>
```

图 7-8　贪婪模式

由例 7-8 的执行结果来看，JavaScript 脚本是按照贪婪模式进行字符串匹配，也就是该返回结果是一个"<b>Linux</b> an <b>php</b>"，而不是需求中要求的两个子串"<b>Linux</b>"和"<b>php</b>"。

4. 懒惰模式

懒惰模式的特性是从字符串的左边开始，试图不读入字符串中的字符进行匹配，失败，则多读一个字符，再匹配，如此循环，当找到一个匹配字符串时会返回该匹配的字符串，然后再次进行匹配，直到字符串结束。

在正则表达式中把贪婪模式转换成懒惰模式的方法是在表示重复字符的元字符后面多加一个"?"字符。例 7-8 的源程序中正则表达式"var pattern=/<b>.*<\/b>/g;"修改成"var pattern=/<b>.*? <\/b>/g;"即可，返回的结果将是"Linux"和"php"。

7.2　正则表达式的常用方法

7.2.1　test()方法

Test()方法的返回值是布尔值，通过该方法可以测试字符串中是否存在与正则表达式匹配的结果，如果有匹配的结果，返回 true，否则返回 false。该方法常用于判断用户输入数据的合法性，例如检验 email 邮箱的合法性。该方法的语法格式如下：

```
rgExp.test(objStr)
```

其中，rgExp 表示正则表达式，objStr 表示需要通过正则表达式进行验证的字符串。

例 7-9 定义一个邮箱的正则表达式是 "^\w+@(\w+[.])*\w+$"，其中@字符前的 "\w+" 表示至少有一个字母、数字或下划线，@字符后的 "(\w+[.])*\w+" 中的小括号内是一个分组，可以由多个字母、数字或下划线并加上小数点组成，小括号后的*号表示前面的分组至少有一个，*号后面的 "\w+" 表示字母、数字或下划线，例如 lbmm2009@sina.com.cn。该程序界面由一个文本框和一个按钮组成，用户在文本框中输入了一个邮箱地址，单击 "检测合法性" 按钮，程序将会根据正则表达式判断邮箱地址的合法性，并弹出相应结果，在浏览器中的运行结果如图 7-9 所示。

例 7-9　example7-9.html

```html
<!doctype html>
<html>
  <head>
  <meta charset="utf-8">
  <title>正则表达式 test 方法</title>
  <script>
  window.onload=function(){
   var myBtn=document.getElementById("btn");
   myBtn.onclick=function(){
    //获取文本框中用户输入的 Email 的信息
    var objStr=document.getElementById("email").value;
    //设置匹配 Email 的正则表达式
    var rgExp=/^\w+@(\w+[.])*\w+$/;
    //判断字符串中是否存在匹配内容，如果存在则提示正确信息，否则返回错误
    if(rgExp.test(objStr)){
        alert("该 Email 地址是合法的!");
      }else{
       alert("该 Email 地址是非法的!");
      }
   }
  }
  </script>
  </head>
  <body>
    <br><br><br><br><br><br><br>
    请输入 Email 地址:
    <input type="text" id="email">
    <input type="button" value="检测合法性" id="btn">
  </body>
<html>
```

扫一扫，看视频

图 7-9　test()方法

7.2.2　match()方法

match()方法用于检索字符串，以找到一个或多个与正则表达式匹配的文本。match()方法的语法格式如下：

```
stringObj.match(rgExp)
```

其中，stringObj 为需要进行匹配的字符串，rgExp 为正则表达式。这个方法的行为在很大程度上依赖于正则表达式是否具有标志 g，即全局匹配模式。

如果正则表达式中没有全局匹配模式标志 g，match()方法就只能在 stringObject 中执行一次匹配。如果没有找到任何匹配的文本，match()将返回 null。如果有全局匹配模式标志 g，则将匹配结果返回到一个数组，该数组存放与找到的匹配文本相关的信息。该数组的第 0 个元素存放的是匹配文本，而其余元素存放的是与正则表达式的子表达式匹配的文本。除了这些常规的数组元素之外，返回的数组还含有两个对象属性。index 属性声明的是匹配文本的起始字符在 stringObject 中的位置，input 属性声明的是对 stringObject 的引用。

如果 regexp 具有标志 g，则 match()方法将执行全局检索，找到 stringObject 中所有的匹配子字符串。若没有找到任何匹配的子串，则返回 null。如果找到了一个或多个匹配子串，则返回一个数组。不过全局匹配返回的数组内容与前者大不相同，其数组元素中存放的是 stringObject 中所有的匹配子串，而且没有 index 属性或 input 属性。

例 7-10 定义了一个不进行全局匹配的正则表达式"/([^?&=]+)=([^?&=])*/"，其中前后的斜杠是正则表达式的分隔符，小括号表示子表达式分组，"^"表示集合内字符类取反，定义的"[^?&=]"表示匹配不是"^?="的单个字符，字符类后面的+和*表示量词，这个正则表达式其实就是要找到一个字符串中等号两边分别只有一个字符，且这个字符不能是"?&="这三个字符之一。该例中应重点关注匹配后的返回值在浏览器中的运行结果如图 7-10 所示。

例 7-10　example7-10.html

```
<!doctype html>
<html>
```

```
<head>
<meta charset="utf-8">
<title>正则表达式match方法</title>
<script>
window.onload=function(){
 var url = 'http://www.baidu.com?a=1&b=2&c=3';
 var reg = /([^?&=]+)=([^?&=])*/;
 var result = url.match(reg);
 document.write(result+"<br>");              //输出 a=1, a, 1
 document.write(result.index+"<br>");        //输出查找到的位置值: 21
  //输出源串 http://www.baidu.com?a=1&b=2&c=3
 document.write(result.input+"<br>");
 }
</script>
</head>
<body>
</body>
<html>
```

图 7-10　match()方法

从图 7-10 的输出结果来看，正则匹配后的返回值：第一个是匹配结果，后面两个是正则表达式中小括号内子表达式的匹配结果。

7.2.3　replace()方法

字符串的 replace()方法执行的是查找并替换的操作，其语法格式如下：

```
stringObject.replace(rgExp,replacement)
```

其中，**stringObject** 是定义的源串，即该串中有些子串需要被替换；**rgExp** 是正则表达式；**replacement** 定义的是替换子串。该方法的作用是用 replacement 子串替换 rgExp 的第一次匹配或所有匹配的字符串，返回值是替换后的结果字符串，源串并没有发生改变。

如果 rgExp 具有全局模式标志 g，replace()方法将替换所有匹配的子串，否则只替换第一个匹配子串。

例 7-11 是敏感词过滤的实例。在该实例中定义了一个正则表达式"/is|es|ag/g"，目的是把源串中含有 is、es 或 ag 的这些子串使用**代替。例 7-11 在浏览器中的运行结果如图 7-11 所示。

例 7-11 example7-11.html

```
<!doctype html>
<html>
  <head>
  <meta charset="utf-8">
  <title>正则表达式</title>
  <script>
  window.onload=function(){
    var strObj="This is test page!"
    var reg=/is|es|ag/g;
    strResult=strObj.replace(reg,"**");
    document.write("源串是: "+strObj+"<br>");
    document.write("目的串是: "+strResult);
  }
  </script>
  </head>
  <body>
  </body>
</html>
```

扫一扫，看视频

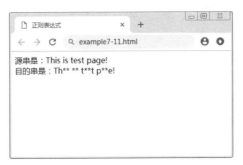

图 7-11　replace()方法

7.2.4　search()方法

Search()方法指明是否存在相应的匹配，一般用该方法判断是否源串中有值匹配，如果有则用 match()方法获取匹配子串。如果找到一个匹配，search()方法将返回一个整数值，指明这个匹配距离字符串开始的偏移位置。如果没有找到匹配，则返回-1。该方法的语法如下：

```
stringObj.search(rgExp)
```

其中，stringObj 是源串，rgExp 是正则表达式。例 7-12 是 search()方法的应用实例，实现找到类似 abcba 的数字，其正则表达式为"/(\d)(\d)\d\2\1/"，在浏览器中的运行结果如图 7-12 所示。

例 7-12　example7-12.html

```html
<!doctype html>
<html>
  <head>
  <meta charset="utf-8">
  <title>正则表达式</title>
  <script>
  window.onload=function(){
   var re=/(\d)(\d)\d\2\1/;        //设置正则表达式
   var ostr="253212328";           //要匹配的字符串，字符串第一个位置从 0 开始
   var pos=ostr.search(re);        //进行字符串匹配
   if(pos==-1){
    document.write("没有找到任何匹配");
   }
   else{
       arr=ostr.match(re);         //进行 match 找出匹配的内容
       document.write("在位置"+pos+"，找到第一个匹配，匹配内容为：");
       document.write(arr[0]);     //输出匹配的内容
   }
  }
  </script>
  </head>
  <body>
  </body>
</html>
```

图 7-12　search()方法

7.3　网页特效

7.3.1　表单验证

前面讲解了正则表达式的规则和使用正则表达式的方法，但都是单独的某一项的应用。

下面通过例 7-13 来实现一个注册表单，该表单会进行多项验证，包括用户名、密码、确认密码、手机号、邮箱。每一项验证首先会进行是否为空的验证，然后根据正则表达式进行验证，在浏览器中的运行结果如图 7-13 所示。

例 7-13　example7-13.html

```html
<!doctype html>
<html>
 <head>
 <meta charset="utf-8">
 <title>表单验证</title>
 <style>
 span{color:red; font-weight:bold; display:none;}
 </style>
 <script>
window.onload=function(){
  var myTestBtn=document.getElementById("sub");       //获取按钮对象
  //通过 regex 类名，获取需要进行验证的输入框对象数组
  var myTestRegex=document.getElementsByClassName("regex");
  //通过 error 类名，获取验证出错。需要对用户进行提示的对象数组
  var myError=document.getElementsByClassName("error");
  for(i=0;i<myTestRegex.length;i++){            //对每个验证对象进行循环
     myTestRegex[i].index=i;                    //给每个验证对象加索引值
     myTestRegex[i].onblur=function(){          //给每个验证对象加失去焦点事件
       switch(this.index){                      //根据不同索引值，加入不同的验证方法
       case 0:var reg=/^\w{6,15}$/;             //定义用户名的正则表达式
          spaceError="用户名不能为空！";          //用户名为空时的提示
          regError="用户名在 6~15 位之间";        //用户验证错误时，给出提示字符串
          testResult(this,reg,this.index,spaceError,regError)
          break;
       case 1:var reg=/^\w{6,15}$/;             //定义密码验证对象的正则表达式
        spaceError="密码不能为空！";
        regError="密码 6~15 字母、数字、下划线";
        testResult(this,reg,this.index,spaceError,regError)
        break;
       case 2:
         if(myTestRegex[2].value==""){          //确认密码不能为空
           myError[2].style.display="inline";   //为空则显示提示字符串
           myError[2].innerHTML="确认密码不能为空！"; //定义提示字符串内容
           myTestRegex[2].data=1;       //设置验证数据为 1，表示验证没通过
         }
         //进行密码与确认密码是否相同的验证
         if(myTestRegex[1].value!=myTestRegex[2].value){
           myError[2].style.display="inline";
           myError[2].innerHTML="密码与确认密码不相同！";
           myTestRegex[2].data=1;
```

```
            }
         break;
      case 3:var reg=/^1[3578]\d{9}$/;                //手机号验证的正则表达式
          spaceError="手机号必须输入不能为空！";
          regError="手机号必须是以 13，15，17，18 开头的 11 位数字";
          testResult(this,reg,this.index,spaceError,regError)
          break;
      case 4:var reg=/^\w+@(\w+[.])*\w+$/;      //邮箱验证的正则表达式
          spaceError="邮箱不能为空！";
          regError="邮箱不符合规则";
          testResult(this,reg,this.index,spaceError,regError)
          break;
        }
      }
  }
  //验证函数，实参为：1.当前验证对象，2.正则表达式，3.索引值，
  //                4.输入值为空，提示字符串，5.验证错误，提示字符串
  function testResult(object,reg,index,spaceError,regError){
      var value=object.value;                           //获取用户输入的值
      var result=reg.test(value);                       //进行正则表达式验证
      if(value==""){                                    //用户输入是否为空
        myError[index].style.display="inline";          //为空则显示提示
        myError[index].innerHTML=spaceError;            //定义提示内容
        object.data=1;                    //设置验证数据为1，表示验证没通过
      } else if(result){                  //不为空，进行正则验证
          myError[index].style.display="none"; //验证通过，隐藏错误提示
         object.data=0;                         //设置验证数据为0，表示验证通过
      }else{                              //正则验证没通过
          myError[index].style.display="inline";    //显示错误提示
          myError[index].innerHTML=regError;        //设置错误提示内容
          object.data=1;                    //设置验证数据为1，表示验证没通过
      }
    }
  myTestBtn.onclick=function(){            //单击注册按钮，进行所有输入数据验证
    total=0;                              //验证错误计数器
    for(i=0;i<myTestRegex.length;i++){
      myTestRegex[i].onblur();            //激活表单中每一个失去焦点事件
      total+=myTestRegex[i].data;         //累加验证错误计数器，都为 0 表示验证通过
    }
    if(total>0)   return false;           //计数器大于 0，表示有数据没通过验证，不提交
    else return true;                     //否则验证通过，提交用户输入的数据
  }
}
</script>
</head>
```

```
<body>
<form action="reg.php" method="get">
  用  户  名:
  <input type="text" id="username" name="username" class="regex">
  <span class="error">用户名在 6~15 位之间</span>
  <br>
  密       码:
  <input type="password" id="pwd" name="pwd"  class="regex">
  <span class="error"></span>
  <br>
  确认密码:
  <input type="password" id="c_pwd" name="c_pwd" class="regex">
  <span class="error"></span>
  <br>
  手  机  号:
  <input type="text" id="mobile" name="mobile" class="regex">
  <span class="error"></span>
  <br>
  邮       箱:
  <input type="text" id="email" name="email" class="regex">
  <span class="error"></span>
  <br>
  <input type="submit" id="sub" value="注册">
</form>
</body>
</html>
```

图 7-13　表单验证

7.3.2　级联下拉列表

当需要用户进行一些下拉列表数据的选择时，有些需要根据用户从下拉列表中选择的结果来更新某些表单元素的内容。例 7-14 就是实现此例功能的网页，在浏览器中的显示结果如图 7-14 所示。

例 7-14 example7-14.html

```html
<html>
<head>
 <meta charset="UTF-8">
 <title>省市二级联动</title>
 <script>
 window.onload=function(){
  var selectPro=""
  var proArr=new Array("河南","湖北","湖南");
  var arr = new  Array();
  arr[0]="郑州,开封,洛阳,安阳,鹤壁,新乡,焦作,濮阳,许昌,漯河"
  arr[1]="武汉,宜昌,荆州,襄樊,黄石,荆门,黄冈,十堰,恩施,潜江"
  arr[2]="长沙,常德,株洲,湘潭,衡阳,岳阳,邵阳,益阳,娄底,怀化"
  var city = document.getElementById("city");
  var province=document.getElementById("province");
  var result=document.getElementById("result");
  var cityArr = arr[0].split(",");
  initCity(0);
  function initCity(index){
      var cityArr = arr[index].split(",");
      for(var i=0;i<cityArr.length;i++)
      {
        city[i]=new Option(cityArr[i],cityArr[i]);
      }
      selectPro=proArr[province.value];
      result.innerHTML=selectPro+"省"+cityArr[0]+"市";
  }
  province.onchange=function(){
     var index = province.selectedIndex;
     //将城市数组中的值填充到城市下拉列表框中
     initCity(index);
  }
  city.onchange=function(){
     result.innerHTML=selectPro+"省"+city.value+"市";
  }
 }
 </script>
</head>
<body>
       请您选择省份：
       <select id="province" size="1">
       <option value="0">河南</option>
       <option value="1">湖北</option>
```

```
        <option value="2">湖南</option>
        </select><br>
    请您选择城市：
    <select id="city" style="width:60px">
    </select> <br>
    您选择的结果是: <span id="result" style="color:red"></span>
  </body>
</html>
```

图 7-14　级联下拉列表

7.3.3　评分

　　网页设计中，有很多地方需要对某项事件评分，例如电影评分、教师授课情况评分、某个网店工作人员的服务质量评分等。例 7-15 就是通过 5 个星星对某项事件打分，当用户的鼠标指针放到某个星星上，该星星之前的所有星星都会以另一种样式显示，用户选择某个分值对应的星星之后，单击该星星，程序将会显示评分的分值以及相应的评语，在浏览器中的显示结果如图 7-15 所示。

　　例 7-15　example7-15.html

```
<!doctype html>
<html>
  <head>
  <meta charset="utf-8">
  <title>评分</title>
  <style>
  *{
    margin:0px;
    padding:0px;
  }
  #box{
    width:600px;
    height:115px;
    background:pink;
    margin:0 auto;
```

扫一扫，看视频

```
}
#box ul {
    list-style:none;
}
#box ul li{
    background:url(1.jpg) no-repeat;
    width:120px;
    height:115px;
    float:left;
    cursor:pointer;
}
#box ul li.active{
    background:url(1.jpg) 0px -115px;
}
#display{
    width:600px;
    height:25px;
    text-align:center;
    margin:0px auto;
}
</style>
<script>
window.onload=function(){
  var myDisplay=document.getElementById("display");
  var myLI=document.getElementsByTagName("li");
  var py=["非常差","差","一般","好","非常好",];
  for(var i=0;i<myLI.length;i++){
    myLI[i].index=i;//用来指出哪一个
    myLI[i].onmouseover=function(){
      for(var j=0;j<this.index+1;j++)
      myLI[j].className="active";
    }
    myLI[i].onmouseout=function(){
      for(var j=0;j<this.index+1;j++)
      myLI[j].className="";
    }
    myLI[i].onclick=function(){
      myDisplay.innerHTML="您的评分分数是："+(this.index+1)+
              "分，您的评语是："+py[this.index];
    }
  }
}
</script>
</head>
```

```
<body>
    <div id="box">
        <ul>
            <li></li>
            <li></li>
            <li></li>
            <li></li>
            <li></li>
        </ul>
    </div>
    <div id="display"></span>
</body>
</html>
```

图 7-15　评分

本章小结

  本章主要讲解正则表达式的组成、定义方法及具体应用。首先说明正则表达式中普通字符与元字符的区别，再对元字符代表的含义进行详细阐述，并通过一些与实际紧密相关的实例进行描述，帮助读者对正则表达式最基础的知识有一定的掌握；然后讲解在 JavaScript 中应用正则表达式的三种不同方法，分别是测试、匹配、替换，通过这三种方法能够完成正则表达式相关的所有操作；最后通过三个具体的网页实例，对前述的正则表达式的相关知识进行总结，并让读者仔细体会复杂的正则表达式在实际网页设计中的工作方式，为今后制作功能完备的网页打下良好基础。

习　题　七

一、选择题

1. 下列对符号表示的意义解释错误的是（　　　）。

A.　^：匹配字符串的开头　　　　　　　　　B.　$：匹配字符串的结尾

C.　?：匹配前面的子表达式一次或多次　　　D.　\：对特殊元字符的含义进行转义

2.　以下不是正则表达式对象的实例属性的是（　　　）。

A.　global 属性　　　　B.　lastIndex 属性　　　　C.　ignoreCase 属性　　　D.　multiLine 属性

3.　正则表达式声明 6 位数字的邮政编码，以下代码正确的是（　　　）。

A.　var reg = /\d6/;　　　　　　　　　　　B.　var reg = \d{6}\;

C.　var reg = /\d{6}/;　　　　　　　　　　D.　var reg = new RegExp("\d{6}");

4.　给定正则表达式是/^(SE)?[0-9]{12}$/，满足此匹配条件的字符串是（　　　）。

A.　'123456789123'　　B.　'SI12345678'　　　C.　'1234567890'　　　D.　'ESX1234567Y'

5.　给定正则表达式是/^([1-9]|[1-9][0-9]|[1-9][0-9][0-9])$/，满足此匹配条件的字符串是（　　　）。

A.　'010'　　　　　　　B.　'0010'　　　　　　C.　'127'　　　　　　　D.　'10000'

6.　给定正则表达式是/^[0-5]?[0-9]$/，满足此匹配条件的字符串是（　　　）。

A.　'99'　　　　　　　 B.　'009'　　　　　　　C.　'0009'　　　　　　D.　'10'

7.　匹配一个字符串中两个相邻单词（它们之间可以有一个或者多个空白，如空格、制表符或者任何其他 UNICODE 空白符）的正则表达式是（　　　）。

A.　/\b(\b+)\s+\1\b/　　　　　　　　　　 B.　/\b(\w+)\s+\b/

C.　/\b(\w*)\s+\1\b/　　　　　　　　　　 D.　/\b(\w+)\s+\1\b/

8.　已知代码如下，则结果 ns 变量的值是（　　　）。

```
var s='The AAA is a good AAAA.';
var r=/A/;
var ns=s.replace(r,'a');
```

A.　The aAA is a good AAAA.'　　　　　　B.　The aaa is a good aaaa.'

C.　The AAA is a good aAAA.'　　　　　　D.　The aAA is a good aAAA.'

9.　匹配一个英文句子（假设句子最后没有标点符号）最后一个单词的正则表达式是（　　　）。

A.　\b(\w+)\s*$　　　B.　\b(\w+)\s+$　　　C.　\s(\w+)\s*$　　　D.　\b(\w+)\b*$

10.　已知 MasterCard 信用卡必须包含 16 位数字。在这 16 位数字中，前两位数字必须是 51~55 之间的数字，如下正则表达式中不合乎匹配 MasterCard 信用卡的是（　　　）。

A.　/^5[1-5][0-9]{14}$/　　　　　　　　　B.　/^5[1-5]\d{14}$/

C.　/5[^1-5][0-9]{14}$/　　　　　　　　　D.　/^5[1-5][0-9]{4,}$/

二、简答题

1.　正则表达式的种类有哪些？正则表达式的组成是什么？

2.　写出匹配以下字符串中 html 标签的正则表达式。

（1）"<div>这里是 div<p>里面的段落</p></div>";

（2）"<div id='a1'>这里是 div<p name='kk'>里面的段落</p></div>"。

3.　电话号码格式（如 027－87654321），要求前 3 位是 027，紧接着一个 "－"，后面是 8 位数字，写出能匹配该要求的正则表达式。

4. 写出下列特殊符号在正则表达式中的含义。

^ $ *   +   ?   \d

5. 写出符合以下需求的正则表达式。

（1）非零开头的最多带两位小数的数字，其正则表达式为（   ）。

（2）包括中文、英文、数字与下划线，其正则表达式为（   ）。

（3）身份证号码（数字、字母 X 结尾），其正则表达式为（   ）。

（4）密码（以字母开头，长度在 6~18 之间，只能包含字母、数字和下划线），其正则表达式为
（   ）。

三、程序阅读与设计

1. 下面程序段的输出结果是（   ）。

```
var reg=/.o./ g;
var str= "How are you?"
var result=new Array();
while(reg.exec(str)!=null){
  result.push(RegExp.lastMatch);
}
alert(result);
```

2. 阅读下面的程序段，说明弹出 index 和 value 变量的内容及含义。

```
<script>
  var str = 'sassdfdfffdasdfffffffsdsdddsss';
  var arr = str.split(");
  str = arr.sort().join(");
  var value = ";
  var index = 0;
  var re = /(\w)\1+/g;
  str.replace(re,function($0,$1){
     if(index<$0.length){
        index = $0.length;
        value = $1;
     }
  });
alert( value);
alert(index);
</script>
```

3. 阅读下面的程序段，说明该程序段中 arrFn 函数的作用。

```
<script>
var str ='dgfhfgh254bhku289fgdhdy67';
  var arr = [];
  function arrFn(){
```

```
        var re = /\d+/g ;
        arr.push(str.match(re));
        return arr;
    }
</script>
```

4. 阅读下面的程序段，说明该程序段的输出结果，并说明 myFunction 函数的作用。

```
<script>
    var str = 'hel  lo'
    function myFunction(){
        var re = /^\s+|\s+|\s+$/g;
        return str.replace(re,");
    }
    alert('('+trim(str)+')');//(hello)
</script>
```

实 验 七

一、实验目的

了解和掌握正则表达式的使用，以及 JavaScript 脚本语言对网页的控制方法。

二、实验内容

制作一个登录注册页面，页面布局自定，注册要求用户填写的资料主要包括用户名、密码、确认密码，并对用户的输入信息进行验证，具体要求如下。

1. 用户名：只能由字母、数字和下划线组成，且首字符不能为数字。

2. 密码：6~16 位，英文（区分大小写）、数字以及自定义的一些特殊符号。

3. 确认密码：必须和密码一致。

4. 手机号：要求仅能用 130、150、131、137、138、139、187、189、159 开头的手机号注册。

5. 座机电话按要求的格式输入。例如：02787654321 或者（027）87654321 或者 027-87654321。

当用户的输入信息与要求不符时，用红色文字给出必要提示；如果用户的注册信息完整，显示注册成功页面。

三、实验运行截图

（将网页运行结果的几种主要情况截图并粘贴在此）

四、JavaScript 脚本程序

（将 JavaSrcipt 脚本程序及其详细说明粘贴在此）

五、验证方式说明

1. 用户名验证的正则表达式是（   ）。
该正则表达式的说明如下：

2. 密码验证的正则表达式是（   ）。
该正则表达式的说明如下：

3. 手机号验证的正则表达式是（   ）。
该正则表达式的说明如下：

4. 座机电话验证的正则表达式是（   ）。
该正则表达式的说明如下：

六、实验总结

（主要写实验中遇到的问题及解决方法）

第 8 章

jQuery

本章知识目标：

本章主要讲解 jQuery 框架结构的基本使用方法。通过对 jQuery 框架的学习降低 JavaScript 脚本程序设计在网页中的应用难度。通过本章的学习，读者应该掌握以下内容：

❑ jQuery 的引用方式；
❑ jQuery 各种不同的选择器；
❑ jQuery 的 DOM 操作；
❑ jQuery 事件处理。

扫一扫，看 PPT

8.1 jQuery 概述

8.1.1 什么是 jQuery

jQuery 是一个快速、简洁的 JavaScript 框架，是继 Prototype 之后又一个优秀的 JavaScript 代码库。jQuery 设计的宗旨是"Write Less，Do More"，即倡导写更少的代码，做更多的事情。jQuery 封装了 JavaScript 常用的功能代码，提供一种简便的 JavaScript 设计模式，优化 HTML 文档操作、事件处理、动画设计和 Ajax 交互。

jQuery 的核心特性可以总结为：具有独特的链式语法和短小清晰的多功能接口；具有高效灵活的 CSS 选择器，并且可对 CSS 选择器进行扩展；拥有便捷的插件扩展机制和丰富的插件。jQuery 兼容目前各种主流浏览器，其语言特点包括以下几个方面。

（1）快速获取文档元素。jQuery 的选择机制构建于 CSS 的选择器，提供了快速查询 DOM（Document Object Model，文档对象模型）文档中元素的能力，而且大大强化了 JavaScript 中获取页面元素的方式。

（2）提供漂亮的页面动态效果。jQuery 中内置了一系列的动画效果，可以开发出非常漂亮的网页，许多网站都使用 jQuery 的内置效果，例如淡入淡出、元素移除等动态特效。

（3）创建 Ajax 无刷新网页。使用 Ajax 可以开发出非常灵敏无刷新的网页，特别是开发服务器端网页时，需要客户端与服务器进行通信。如果不使用 Ajax，每次数据更新后必须重新刷新整个网页，而使用 Ajax 特效后，可以对页面进行局部刷新，提供动态的效果。

（4）jQuery 对基本 JavaScript 结构进行了增强，例如元素迭代和数组处理等操作。

（5）增强的事件处理。jQuery 提供了各种页面事件，可以避免程序员在 HTML 中添加太多的事件处理代码，最重要的是，其事件处理器消除了各种浏览器的兼容性问题。

（6）更改网页内容。jQuery 可以修改网页中的内容，例如更改网页的文本、插入或者翻转网页图像，jQuery 简化了原本使用 JavaScript 代码处理的方式。

JavaScript 与 jQuery 有本质的区别。JavaScript 是一种语言，而 jQuery 是建立在 JavaScript 脚本语言上的一个基本库，是把 JavaScript 进行了封装，利用 jQuery 可以更简单地使用 JavaScript。jQuery 是当前最流行的 JavaScript 库，封装了很多预定义的对象和实用函数，jQuery 是一个轻量级的 JavaScript 库，压缩之后很小，与 CSS、浏览器兼容。

8.1.2 配置 jQuery 环境

1. 获取 jQuery

在 jQuery 的官方网站 http://jquery.com/download/（如图 8-1 所示），可以直接下载 jQuery 的最新库。目前 jQuery 有三个版本。

（1）1.x：兼容 IE6，该版本的使用最为广泛，官方只做 BUG 维护，功能不再新增。因此对一般项目来说，使用 1.x 版本就可以了，最终版本为 1.12.4。

（2）2.x：不兼容 IE6，很少有人使用，官方只做 BUG 维护，功能不再新增。如果不考虑兼容低版本的浏览器，可以使用 2.x 版本，最终版本为 2.2.4。

（3）3.x：不兼容 IE8 以下的版本，只支持最新的浏览器，很多老的 jQuery 插件不支持这个版本。目前该版本是官方主要更新维护的版本，最新版本为 3.3.1。

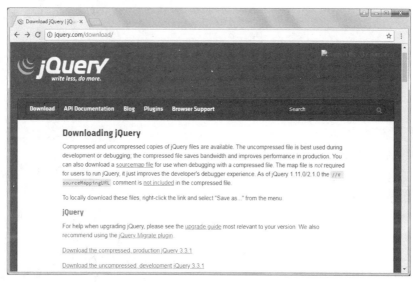

图 8-1　jQuery 官方网站

2. jQuery 库的类型说明

jQuery 库分为两种，一种后缀是".min.js"，是经过工具压缩后的版本，一般文件尺寸比较小，主要应用于产品和项目开发；另一种后缀是".js"，是没有经过压缩的版本，主要用于测试、学习和开发。为实现本书的实例，建议选择下载 jQuery-1.11.2.js。

另外，jQuery 不需要安装，把下载的 jQuery-1.11.2.js 放到网站上的一个公共位置，想在某个页面上使用 jQuery 时，只需要在相关的 HTML 文档中引入该文件库即可。

3. 在页面中引入 jQuery

本书将 jQuery-1.11.2.js 放在目录 js 下，为了方便调试，在所提供的 jQuery 例子中使用相对路径。在实际项目中，应该根据实际需要调整 jQuery 库的路径。

要想使用 jQuery 库，使用如下语句先引入 jQuery 库：

```
<script src="js/jquery-1.11.2.js"> </script>
```

例 8-1 是本书的第一个 jQuery 程序，重点请读者理解网页如何引入 jQuery 库。该例是在网页中弹出"Hello jQuery World!"。

例 8-1   example8-1.html

```
<!doctype html>
<html>
  <head>
  <meta charset="utf-8">
  <title>jQuery</title>
  <script src="js/jquery-1.11.2.js"></script> <!--引入 jQuery 库-->
  <script>
      $(document).ready(function(e) {          //网页加载完毕后执行
        alert("hello jQuery World!");          //弹出一个警告框
      })
  </script>
  </head>
  <body>
  </body>
</html>
```

例 8-1 的代码说明如下：

（1）$( )是 jQuery 的缩写，可以在 DOM 中搜索与指定的选择器匹配的元素，并创建一个引用该元素的 jQuery 对象。

（2）通过 jQuery 对象$选择 document 元素，将 document 元素封装成 jQuery 对象，然后调用 jQuery 对象的 ready()方法，将自定义匿名函数添加到 document 元素上，该函数将在 DOM 结构加载完毕之后执行。实现的功能与如下 JavaScript 的网页加载事件类似：

```
window.onload=function(){
    alert("hello jQuery World!");
}
```

4. jQuery 基本语法

jQuery 语法是针对网页中的 HTML 元素选择编制的，可以对选中的 HTML 元素执行某些操作，最基本的 jQuery 语法格式如下所示：

```
$(selector).action()
```

其中：$( )是 jQuery 的缩写；selector 是选择器，表示选中网页文档中的哪些 HTML 元素；action()表示对选中的元素进行什么操作。

例 8-2 让读者体验 jQuery 基本语法，该例是网页中<p>标记包含的一段文字，用户单击这段文字时，文字自动消失。其源代码如下所示：

例 8-2   example8-2.html

```
<!doctype html>
<html>
  <head>
  <meta charset="utf-8">
  <title>jQuery</title>
```

扫一扫，看视频

```
<script src="js/jquery-1.11.2.js"></script>
<script>
$(document).ready(function(e) {
    $("p").click(function(){
        $(this).hide();
    });
});
</script>
</head>
<body>
    <p>单击我，我会自动消失</p>
</body>
</html>
```

在例 8-2 中，$("p")是 jQuery 的一个选择器，用于选择网页中所有的 p 元素；$("p").click()
方法指定选中的<p>元素的 click 单击事件处理函数，click 事件在用户单击元素对象时被触发。

$(this)是一个 jQuery 对象，表示当前引用的 HTML 元素对象(此处指 p 元素)。$(this).hide()
表示选中当前的 HTML 元素，并将其隐藏。

8.2　jQuery 选择器

在 CSS 中，选择器(或选择符)的作用是选择页面中的某些 HTML 元素或者某一个 HTML
元素。jQuery 中的选择器使用"$"，其方式更全面，而且不存在浏览器的兼容问题。

jQuery 选择器允许通过标签名、属性名或内容对 HTML 元素进行选择或者修改 HTML 元
素的样式属性。jQuery 的选择器很多，可以分为基本选择器、层次选择器、过滤选择器和属
性过滤器。

8.2.1　基本选择器

基本选择器主要包括元素选择器、ID 选择器、类选择器以及并列选择器等，选择方法与
CSS 选择器的方法相同。

1. 元素选择器

元素选择器可以选中 HTML 文档中所有的某个元素。如例 8-2 中的$("p")表示选中本网页
中所有的 p 元素，又如$("input")表示选中本网页中所有的 input 元素。

2. ID 选择器

ID 选择器可以根据指定 ID 值返回一个唯一的元素。例 8-3 中定义一个 ID 为"myId"的<p
id="myId">Hello</p>，当用户单击该 ID 标记内的文字时，把其中的文字内容由"Hello"改为
"World"，使用 ID 选择器选中该<p>元素的方法是$("#my")，其源代码如下所示：

例 8-3　example8-3.html

```
<!doctype html>
<html>
  <head>
  <meta charset="utf-8">
  <title>jQuery</title>
  <script src="js/jquery-1.11.2.js"></script>
  <script>
  $(document).ready(function(e) {
      $("#myId").click(function(){
      $("#myId").html("World");
      });
  });
  </script>
  </head>
  <body>
      <p id="myId">Hello</p>
  </body>
</html>
```

3. 类选择器

类选择器可以根据元素的 CSS 类选择一组元素。例如，$(".left")指选择页面中所有 class 属性为 left 的元素；$("p.left")指选择页面中所有 class 属性为 left 的 p 元素。

例 8-4 是在 HTML 中定义 myClass 类的<li>元素，在 jQuery 中使用类选择器选中这些元素，然后遍历<li>元素，并修改其 HTML 的显示内容，在浏览器中的显示结果如图 8-2 所示，单击相应按钮后在浏览器中的显示结果如图 8-3 所示。

例 8-4　example8-4.html

```
<!doctype html>
<html>
  <head>
  <meta charset="utf-8">
  <title>jQuery 类选择器</title>
  <script src="js/jquery-1.11.2.js"></script>
  <script>
  $(document).ready(function(){
    $("button").click(function(){
      $(".myClass").each(function (index,element){ //遍历每一个选中的类元素
          $(this).html(index+"-"+$(this).text())      //修改其元素的文字内容
      });
    });
  });
  </script>
  </head>
```

```
<body>
<button>增加每个列表项的索引值</button>
<ul>
  <li class="myClass">足球</li>
  <li class="myClass">羽毛球</li>
  <li class="myClass">篮球</li>
</ul>
</body>
</html>
```

图 8-2　jQuery 类选择器

图 8-3　jQuery 类选择器元素遍历

4. 并列选择器

并列选择器指使用逗号隔开的选择符，彼此之间是并列关系。例如，$("p, div")指选择页面中所有的 p 元素和 div 元素；$("#my, p, .left")指选择页面中 id 为 my 的第一个元素、所有的 p 元素以及所有的 class 属性为 left 的元素。

8.2.2　层次选择器

层次选择器可以根据页面中 HTML 元素之间的嵌套关系选择元素，主要包括祖先后代选择器、父子选择器、前后选择器、兄弟选择器。

1. 祖先后代选择器

祖先后代选择器中祖先选择符和后代选择符之间使用空格隔开，不限制嵌套的层次数。例如：

```
$(".left p") 或 $("form input")
```

前面一个选择符表示选择所有 class 属性为 left 的元素中的所有 p 元素；后面一个选择符表示选择所有 form 元素中的 input 元素。

例 8-5 是在 HTML 中定义祖先元素<div>，其 id 属性为 box，后代元素<li>，在 jQuery 中使用祖先后代选择器选中这些<li>元素，选择方法是$("#box li")，然后通过增加 CSS 类的方法改变其显示风格，在浏览器中的显示结果如图 8-4 所示，单击相应按钮后在浏览器中的显示结果如图 8-5 所示。

例 8-5　example8-5.html

```html
<!doctype html>
<html>
 <head>
 <meta charset="utf-8">
 <title>jQuery祖先后代选择器</title>
 <script src="js/jquery-1.11.2.js"></script>
 <script>
 $(document).ready(function(){
   $("button").click(function(){
      $("#box li").addClass("myClass")
   });
 });
 </script>
 <style>
 .myClass{ist-style:none; background:#C9C; width:200px; text-align:center;
margin:5px;}
 </style>
 </head>
 <body>
 <button>改变列表显示样式</button>
 <div id="box">
   <ul>
     <li>足球</li>
     <li>羽毛球</li>
     <li>篮球</li>
   </ul>
 </div>
 </body>
</html>
```

图 8-4　祖先后代选择器

图 8-5　改变显示样式

2. 父子选择器

在 HTML 中，元素之间存在包含关系。在例 8-5 中\<div\>元素的子元素是\<ul\>元素，\<ul\>

元素的子元素是\<li\>元素，而\<div\>元素的父元素是\<body\>元素。父子选择器的父元素和子元素之间使用符号 ">" 隔开，前后元素的嵌套关系只能是一层。例如，$("div > ul")指选择 div 元素内直接嵌套的 ul 元素。

例 8-6 中利用父子选择器以及 jQuery 中的 CSS( )方法，完成与例 8-5 相同的程序代码的功能。

例 8-6　example8-6.html

```
<!doctype html>
<html>
  <head>
  <meta charset="utf-8">
  <title>jQuery 父子选择器</title>
  <script src="js/jquery-1.11.2.js"></script>
  <script>
  $(document).ready(function(){
    $("button").click(function(){
      $("#myUl>li").css({"list-style":"none","background":"#C9C",
        "width":"200px","text-align":"center","margin":"5px"})
    });
  });
  </script>
  </head>
  <body>
  <button>改变列表显示样式</button>
  <div>
    <ul id="myUl">
      <li>足球</li>
      <li>羽毛球</li>
      <li>篮球</li>
    </ul>
  </div>
  </body>
</html>
```

扫一扫，看视频

3. 前后选择器

前后选择器可以选择某元素的下一个同级兄弟元素，前后选择器对两个同级别的元素起作用，前后元素中间使用 "+" 分隔，选择在某元素后面的 next 元素，相当于 next()方法。例如，$("#my+img")是选择 id 为 my 的元素后的第一个同级别 img 元素，相当于$("#my").next("img")。

例 8-7 是一个验证用户输入数据是否为空的页面，如果为空则给出相应的错误提示在浏览器中的运行结果如图 8-6 所示。

例 8-7　example8-7.html

```html
<!doctype html>
<html>
  <head>
  <meta charset="utf-8">
  <title>jQuery 前后选择器</title>
  <script src="js/jquery-1.11.2.js"></script>
  <script>
  $(document).ready(function(){
    $("button").click(function(){
      if($("#username").val()==""){
        $("#username+span").html("用户名不能为空！")
        $("#username+span").css("display","inline")
      }
      else{
        $("#username+span").css("display","none")
      }
    });
  });
  </script>
  <style>
  div span{display:none; background:red; color:white;}
  </style>
  </head>
  <body>
  <div>
    <label>用户名</label>
    <input type="text" id="username">
    <span></span>
  </div>
  <button>测试</button>
  </body>
</html>
```

图 8-6　前后选择器

4. 兄弟选择器

兄弟选择器用于选择某元素的所有兄弟元素，相当于 nextAll()方法，可以选择出现在某元素之后和其为同一级别的所有元素。例如$("#my~img")是选择 id 为 my 的元素后的所有同级别 img 元素，相当于$("#my").nextAll("img")。

8.2.3　过滤器

过滤器主要是通过特定的过滤规则筛选出所需的 DOM 元素，该选择器以冒号开头。按照不同的过滤规则，过滤器又可分为基本过滤器、内容过滤器、可见性过滤器、属性过滤器、子元素过滤器和表单对象属性过滤器。

1. 基本过滤器

基本过滤器可以根据元素的特点和索引选择元素。基本过滤器及其说明如表 8-1 所示。

表 8-1　基本过滤器

选　择　器	说　　　明
:first	匹配找到的第一个元素
:last	匹配找到的最后一个元素
:not(selector)	去除所有与给定选择器匹配的元素
:even	匹配所有索引值为偶数的元素，例如$("tr:even")
:odd	匹配所有索引值为奇数的元素，例如$("tr:odd")
:eq(index)	匹配一个给定索引值的元素
:gt(index)	匹配所有大于给定索引值的元素
:lt(index)	匹配所有小于给定索引值的元素
:header	匹配所有标题
:animated	匹配所有正在执行动画效果的元素

例如：

（1）改变 class 不为 one 的所有 div 的背景颜色。

```
$("div:not(.one) ").css("background","red");
```
（2）改变索引为奇数的 div 的背景颜色。

```
$("div:odd").css("background","red");
```
（3）改变索引为偶数的 div 的背景颜色。

```
$("div:even").css("background","red");
```
（4）改变索引为大于某数的 div 的背景颜色。

```
$("div:gt(3)").css("background","red");
```
（5）改变索引为等于某数的 div 的背景颜色。

```
$("div:eq(3)").css("background","red");
```
（6）改变索引为小于某数的 div。

```
$("div:lt(3)").css("background","red");
```

2. 内容过滤器

内容过滤器可以根据元素包含的文字内容选择元素。内容过滤器及其说明如表 8-2 所示。

表 8-2   内容过滤器

选　择　器	说　　　　明
:contains(text)	匹配包含给定文本的元素
:empty()	匹配所有不包含子元素或者文本的空元素
:has(selector)	匹配含有选择器所匹配的元素的元素
:parent()	匹配含有子元素或者文本的元素，与:empty()相反

在例 8-8 中放置四个 div 块，分别根据每个 div 块的不同特点改变其背景颜色，在浏览器中的显示结果如图 8-7 所示，单击"显示效果"按钮后在浏览器中的显示结果如图 8-8 所示。

例 8-8   example8-8.html

```html
<!doctype html>
<html>
  <head>
  <meta charset="utf-8">
  <title>jQuery 内容过滤选择器</title>
  <script src="js/jquery-1.11.2.js"></script>
  <script>
    $(function() {
      $('button').click(function() {
        //包含内容为"ha"的 div 块
        $('div:contains(ha)').css('backgroundColor', 'green');
        //不包含任何内容的 div 块
        $('div:empty').css('backgroundColor', 'yellow');
        //包含有 a 标签的 div 块
        $('div:has(a)').css('backgroundColor', 'pink');
      })
    })
</script>
    <style>
        div{
            width:300px;
            height:50px;
            border:1px solid red;
            margin:5px;
        }
    </style>
</head>
<body>
    <button>显示效果</button>
    <div> hahha </div>
```

```
    <div> heihei </div>
    <div></div>
    <div> <a href="http://www.baidu.com">content</a> </div>
  </body>
</html>
```

图 8-7　内容过滤器

图 8-8　内容过滤器改变属性

3. 可见性过滤器

可见性过滤器可以根据元素的可见性进行选择，可见性过滤器包括 ": hidden"和 ": visible"。其中可见选择器 ":hidden"不仅包含样式属性 display 为 none 的元素，也包含文本隐藏域（<input type="hidden">）和 visible:hidden 之类的元素；可见选择器 ":visible"可以匹配所有可见的元素。

例 8-9 制作的页面上有两个按钮，一个按钮是改变可见性元素的背景颜色的属性，另一个按钮是利用 jQuery 的 show()方法让不可见元素显示出来。

例 8-9　example8-9.html

```
<!doctype html>
<html>
  <head>
  <meta charset="utf-8">
  <title>jQuery 可见性过滤选择器</title>
  <script src="js/jquery-1.11.2.js"></script>
  <script type="text/javascript">
   $(document).ready(function(){
      $("#b1").click(function(){
          $("div:visible").css("background","red");
      });
      $("#b2").click(function(){
          $("div:hidden").show(1000);
      });
   });
  </script>
```

扫一扫，看视频

```
  </head>
  <body>
      <h3>可见性过滤选择器.</h3>
      <input type="button" value="改变可见div元素属性" id="b1"/>
      <input type="button" value="显示不见元素属性" id="b2"/>
      <br/><br/>
      <div id="one">
          Hello World!
      </div>
      <div style="display:none;">
              style的display为"none"的div
      </div>
  </body>
</html>
```

4. 属性过滤器

属性过滤器的过滤规则是通过元素的属性来获取相应的元素。表 8-3 列出了属性过滤器及其说明。

表 8-3　属性过滤器及其说明

选 择 器	说 明
[attribute]	匹配包含给定属性的元素
[attribute=value]	匹配给定属性为特定值的元素
[attribute!=value]	匹配给定属性不等于特定值的元素
[attribute^=value]	匹配给定属性是以特定值开头的元素
[attribute$=value]	匹配给定属性是以特定值结尾的元素
[attribute*=value]	匹配给定属性包含特定值的元素
[attributeFilter1][attributeFilter2][...]	复合属性选择器，匹配属性同时满足多个条件的元素

例 8-10 制作的页面上选择超链接中带有 title 属性的元素，修改这些元素的背景色、字体大小、下划线等属性。

例 8-10　example8-10.html

```
<!doctype html>
<html>
  <head>
  <meta charset="utf-8">
  <title>jQuery属性过滤选择器</title>
  <script src="js/jquery-1.11.2.js"></script>
  <script>
    $(document).ready(function(){
        $("a[title]").css({ "color":"#FF9600",
                            "font-size":"12px",
```

扫一扫，看视频

```
                        "text-decoration":"none"});
    });
  </script>
  </head>
  <body>
      <a href="#" title="first">第一个包含 title 属性的 a 元素</a><br/>
      <a href="#">第一个不包含 title 属性的 a 元素</a><br/>
      <a href="#" title="second">第二个包含 title 属性的 a 元素</a><br/>
      <a href="#">第二个不包含 title 属性的 a 元素</a><br/>
      <a href="#" title="third">第三个包含 title 属性的 a 元素</a>
  </body>
</html>
```

5. 子元素过滤器

使用子元素过滤器可以根据某个元素的子元素对该元素进行过滤。表 8-4 列出子元素过滤器及其说明。

表 8-4　子元素过滤器及其说明

选 择 器	说　　明
:first-child	获取第一个子元素
:last-child	获取最后一个子元素
:nth-child(index|even|eq|odd)	通过相关指数获取子元素
:only-child	获取子元素唯一的元素

其中，nth-child()选择器的说明如下：

（1）:nth-child(even/odd)：选取每个父元素下的索引值为偶(奇)数的元素。

（2）:nth-child(2)：选取每个父元素下的索引值为 2 的元素。

（3）:nth-child(3n)：选取每个父元素下的索引值是 3 的倍数的元素。

（4）:nth-child(3n + 1)：选取每个父元素下的索引值是 3n+1 的元素。

在例 8-11 制作的页面上选择偶数列表元素，让其背景色发生改变，在浏览器的显示结果如图 8-9 所示。

例 8-11　example8-11.html

```
<!doctype html>
<html>
  <head>
  <meta charset="utf-8">
  <title>jQuery 子元素过滤选择器</title>
  <script src="js/jquery-1.11.2.js"></script>
  <script>
    $(document).ready(function(){
    $("ul li:nth-child(even)").css("background-color","#FF9600");
    });
```

扫一扫，看视频

```
  </script>
  </head>
  <body>
   <ul>
     <li>音乐</li>
     <li>羽毛球</li>
     <li>足球</li>
     <li>篮球</li>
   </ul>
  </body>
</html>
```

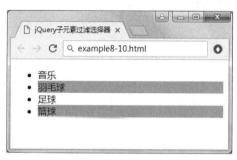

图 8-9 子元素过滤器

8.3 jQuery 中的 DOM 操作

DOM 是一种与浏览器平台、语言无关的接口，使用该接口可以轻松地访问页面中所有的标准组件。

8.3.1 属性操作

每个 HTML 元素都可以转换为一个 DOM 对象，而每个 DOM 对象都有一组属性，通过这些属性可以设置 HTML 元素的外观和特性。在标准 JavaScript 中，可以使用 document.getElementsById("对象 ID")方法获取对应的 DOM 对象。在 jQuery 中，可以通过选择器选中多个 HTML 元素，再使用 get()方法获取其中某个 HTML 元素对应的对象，其语法格式如下所示：

```
var 对象名 = $("选择器").get(索引值);
```

索引值是从 0 开始的整数，如果要得到第 1 个 HTML 元素，则索引值使用 0；如果要得到第 2 个 HTML 元素，则索引值使用 1；依次类推。

另外，可以使用 each()方法遍历 jQuery 选择器匹配的所有元素，并对每个元素执行指定的回调函数，这个回调函数有一个可选的整数参数表示遍历元素的索引值。

例 8-12 定义了一个数组，数组的内容是颜色字符串的定义。网页中在显示列表<li>时，会根据列表<li>的位置值作为数组下标值，取出相应的颜色数组数据，并把<li>内的文字显示成相对应的颜色，在浏览器中的显示结果如图 8-10 所示。

例 8-12　example8-12.html

```html
<!doctype html>
<html>
  <head>
  <meta charset="utf-8">
  <title>jQuery 遍历元素</title>
  <script src="js/jquery-1.11.2.js"></script>
  <script>
  $(document).ready(function(){
      var colorArr=new Array("blue","red","pink","green");
      $("li").each(function(index){          //遍历本网页中的所有 li 元素
          this.style.color=colorArr[index]; //改变当前 li 元素的前景色
      });
  });
  </script>
  </head>
  <body>
   <ul>
     <li>音乐</li>
     <li>羽毛球</li>
     <li>足球</li>
     <li>篮球</li>
   </ul>
  </body>
</html>
```

图 8-10　遍历元素

8.3.2　获取或设置 HTML 元素的内容

在 jQuery 中可以使用表 8-5 所示的方法返回或设置元素的内容，通过这些方法可以动态修改网页显示的内容。

表 8-5　获取或设置 HTML 元素的内容

方　　法	说　　明
$(selector).text()	用于返回或设置元素的文本内容
$(selector).html()	用于返回或设置元素的内容（包括 HTML 标记在内）
$(selector).val()	用于返回或设置表单字段的值

以 html()方法为例，如果要获取 HTML 元素的内容，其语法格式如下：

```
var htmlStr= $(selector).html();
```

如果要设置 HTML 元素的内容，其语法格式如下：

```
$(selector).html("修改字符串");
```

例 8-13 中用用户在文本框中输入的数据修改<li>列表的第一个元素和最后一个元素的内容。其在浏览器的文本框中输入"乒乓球"，并单击"修改 HTML 元素内容"按钮后在浏览器中的显示结果如图 8-11 所示。

例 8-13　example8-13.html

```html
<!doctype html>
<html>
  <head>
  <meta charset="utf-8">
  <title>jQuery 修改元素内容</title>
  <script src="js/jquery-1.11.2.js"></script>
  <script>
  $(document).ready(function(){
    $("button").click(function(){
      var newContent=$("#userInput").val();      //val()获取表单元素内容
      $("ul li:first").html(newContent);         //html()设置选中元素的内容
      $("ul li:last").text(newContent);          //text()设置选中元素的内容
    });
  });
  </script>
  </head>
  <body>
  <input type="text" id="userInput">
  <button>修改 HTML 元素内容</button>
  <ul>
    <li>音乐</li>
    <li>羽毛球</li>
    <li>足球</li>
    <li>篮球</li>
  </ul>
  </body>
</html>
```

图 8-11 获取并设置元素内容

8.3.3 获取或设置 HTML 元素的属性

在 jQuery 中获取或设置 HTML 元素的属性使用 attr()方法，删除元素的某个指定属性使用 removeAttr()方法。当为 attr()方法传递一个参数时，即为获取某元素的指定属性；当为该方法传递两个参数时，即为设置某元素指定属性的值。

例 8-14 在 div 块中显示一个图片，当鼠标指针移入这个 div 块时，改变图片元素的 src 属性，把其属性值进行字符串拼接，在 0.jpg~3.jpg 选取一个，从而达到改变显示不同图片的目的。该例还使用 setInterval()函数完成定时改变图片。

例 8-14　example8-14.html

```
<!doctype html>
<html>
  <head>
  <meta charset="utf-8">
  <title>jQuery 获取元素属性</title>
  <script src="js/jquery-1.11.2.js"></script>
  <script>
  $(document).ready(function(){
      var index=0;
      setInterval(imgChange,1000);  //定时 1 秒调用 imgChange()函数，改变一次图片
      function imgChange(){
       index=(index+1)%4;           //让索引值在 0~3 之间变化
       $("#box img").attr("src","images/"+index+".jpg"); //修改 img 元素的 src 属性
      }
  });
  </script>
  </head>
  <body>
  <div id="box">
    <img src="images/0.jpg">
  </div>
  </body>
</html>
```

8.3.4 利用 jQuery 管理页面元素

利用 jQuery 可以方便地在页面中添加新元素或者删除页面中已有的元素。表 8-6 是 jQuery 管理页面元素的常用方法及其说明。

表 8-6　jQuery 管理页面元素的常用方法及其说明

方　　法	说　　明
after()	在选择的元素之后插入内容
append()	在选择的元素集合中的元素结尾插入内容
appendTo()	向目标结尾插入选择元素集合中的元素
before()	在选择的元素之前插入内容
insertAfter()	把选择的元素插入到另一个指定元素集合的后面
insertBefore()	把选择的元素插入到另一个指定元素集合的前面
prepend()	向选择元素集合中的元素的开头插入内容
prependTo()	向目标开头插入选择元素集合
replaceAll()	用匹配的元素替换所有匹配到的元素
replaceWith()	用新内容替换匹配的内容
wrap()	把选择的元素用指定的内容包裹起来
wrapAll()	把所有的匹配元素用指定的内容包裹起来
wrapinner()	把每一个匹配元素的子元素使用指定的内容包裹起来
remove()	删除匹配元素及其子元素
empty()	删除匹配元素的子元素

例 8-15 是管理页面元素的几个方法的示例。首先在页面上有两个<p>段落元素，单击"DOM 操作测试"按钮后，在第一个<p>标记后，使用 after()方法增加一个段落元素；然后在原始的第 2 个段落，使用 before()增加一个段落元素；使用 replaceWith()方法对原始的第 2 个段落的内容进行修改；最后使用 empty()方法删除原始的第 3 个段落元素。其在浏览器初始页面中的显示结果如图 8-12 所示，单击按钮后在浏览器中的显示结果如图 8-13 所示。

例 8-15　example8-15.html

```
<!doctype html>
<html>
  <head>
  <meta charset="utf-8">
  <title>DOM 操作</title>
  <script src="js/jquery-1.11.2.min.js"></script>
  <script>
  $(document).ready(function(){
    $("button").click(function(){
      $("p").eq(0).after("<p>原始第一段落后插入元素</p>");
      $("p").eq(2).before("<p>原始第二段落前插入元素</p>");
```

扫一扫，看视频

```
    $("p").eq(3).replaceWith("<p>原始第二段内容修改</p>");
    $("p").eq(4).empty();//删除原始第三段落
  });
});
</script>
</head>
<body>
<button>DOM 操作测试</button>
<p>这是原始第一个段落。</p>
<p>这是原始第二个段落。</p>
<p>这是原始第三个段落。</p></body>
</html>
```

图 8-12　DOM 操作初始页面

图 8-13　DOM 操作单击按钮之后的页面

例 8-15 中的 eq() 方法是在选中元素集合内选择第几个元素。下面通过一个综合实例让读者理解 remove() 方法。在例 8-16 中显示一个邮件列表，在该列表的每一封邮件前面都有一个复选框，并在列表的最后有四个按钮，分别用于全选、取消、反选、删除邮件。用户选择了某些需要删除的邮件之后，单击"删除"按钮，通过 remove() 方法能把表格中的选中行进行删除。单击"删除"按钮前后在浏览器中的显示结果如图 8-14 和图 8-15 所示。

例 8-16　example8-16.html

```
<!doctype html>
<html>
  <head>
  <meta charset="utf-8">
  <title>邮件列表管理</title>
  <style>
  *{margin:0px; padding:0px;}
  #box{width:400px;margin:0px auto;}
  </style>
  <script src="js/jquery-3.2.0.min.js"></script>
  <script>
  $(function(){
      $("#selectBtn").click(function(){              //全选
        $("input[name=select]").prop("checked",true)
```

```
    });
    $("#selectCancle").click(function(){              //取消选择
      $("input[name=select]").prop("checked",false)
    });
    $("#notSelect").click(function(){                 //反选
      $("input[name=select]").each(function(index, element) {
        $(this).prop("checked",!$(this).prop("checked"))
      })
    });
    $("#delBtn").click(function(){                     //删除选中邮件项
        $("input[name=select]").each(function(index, element) {
          //判断当前元素是否被选中，如果当前元素被选中，
          //则删除当前元素的父元素的父元素的所有子元素，即<tr>的所有子元素
          if($(this).prop("checked"))
              $(this).parent().parent().remove();
        });
    })
})
</script>
</head>
<body>
<div id="box">
 <p>收件箱</p>
 <table width="400" border="1" >
<tr>
    <td>状态</td>
    <td>发件人</td>
    <td>主题</td>
  </tr>
  <tr>
    <td><input name="select" type="checkbox" value="select"></td>
    <td>王者归来</td>
    <td>羽毛球服装</td>
  </tr>
  <tr>
    <td><input name="select" type="checkbox" value="select"></td>
    <td>天下</td>
    <td>明天会下雨吗？</td>
  </tr>
  <tr>
    <td><input name="select" type="checkbox" value="select"></td>
    <td>沧海</td>
    <td>轮椅什么时候还您？</td>
  </tr>
```

```
  <tr>
    <td><input name="select" type="checkbox" value="select"></td>
    <td>王者归来</td>
    <td>明天约了场比赛</td>
  </tr>
</table>
<button id="selectBtn">全选</button>
<button id="selectCancle">取消</button>
<button id="notSelect">反选</button>
<button id="delBtn">删除</button>
</div>
</body>
</html>
```

图 8-14 邮件列表

图 8-15 删除部分邮件后的列表

8.4 jQuery 事件处理

jQuery 可以很方便地使用事件对象对触发事件进行处理。jQuery 支持的事件包括键盘事件、鼠标事件、表单事件、文档加载事件和浏览器事件等。

1. 指定事件处理函数

事件处理函数指事件触发时调用的函数。可以通过下面的方法指定事件处理函数：

```
$("选择器").事件名(function(形参){
    //函数体
})
```

例如，前面多次使用

```
$(document).ready(function(e) {
});
```

指定文档对象的 ready 事件处理函数，ready 事件表示当文档对象就绪的时候被触发。

2. 绑定事件处理方法

（1）bind()方法。使用 bind()方法可以为每一个匹配元素的特定事件（如单击事件）绑定一个事件处理函数，事件处理函数会接收到一个事件对象。bind()方法的语法格式如下所示：

```
bind(type, [data,] function)
```

其中：type 表示事件类型；data 是可选参数，作为 event.data 属性值传递给事件对象的额外数据对象；function 表示绑定到指定事件的事件处理函数。如果 function 函数返回 false，则会取消事件的默认行为并阻止冒泡。

例 8-17 是通过 bind()方法为一个按钮绑定一个单击事件，当用户单击按钮后，网页中的一段文字将自动消失，如果再次单击这个按钮，消失的文字又会显示出来。本例重点理解事件的绑定过程。

例 8-17　　example8-17.html

```
<!doctype html>
<html>
  <head>
  <meta charset="utf-8">
  <title>bind方法</title>
  <script src="js/jquery-1.11.2.min.js"></script>
  <script type="text/javascript">
  $(document).ready(function(){
    $("button").bind("click",function(){
      $("p").slideToggle();
    });
  });
  </script>
  </head>
  <body>
  <p>这是一段文字</p>
  <button>请点击这里</button>
  </body>
</html>
```

扫一扫，看视频

例 8-18 中通过 bind()方法指定 contextmenu（鼠标右键单击）事件的处理函数，在该函数中返回 false，从而取消事件的默认行为。

例 8-18　　example8-18.html

```
<!doctype html>
<html>
  <head>
  <meta charset="utf-8">
  <title>bind方法</title>
```

扫一扫，看视频

```
<script src="js/jquery-1.11.2.min.js"></script>
<script type="text/javascript">
$(document).ready(function(){
  $(document).bind("contextmenu",function(){
    return(false);
  });
});
</script>
</head>
<body>
<p>您右击网页,将不会弹出右键快捷菜单!</p>
</body>
</html>
```

(2) delegate()方法。delegate()方法是对指定元素的特定子元素增加一个或多个事件处理程序,并规定当这些事件发生时运行的函数。使用 delegate()方法的事件处理程序适用于当前或以后由脚本创建的新元素。其绑定事件的语法格式如下:

```
$(选择器).delegate(childSelector,eventType,function)
```

其中,childSelector 表示指定事件的子元素选择器;eventType 指事件的类型;function 指事件处理函数。

例 8-19 将文档中<ul>元素下的<li>子元素的 click 事件绑定到指定的事件处理函数,当用户单击<li>元素时,将在所有<li>元素的最后插入一个<li>元素,并且新添加<li>元素的内容是一个定义好的数组内容。

例 8-19 example8-19.html

```
<!doctype html>
<html>
  <head>
  <meta charset="utf-8">
  <title>delegate 方法</title>
  <script src="js/jquery-1.11.2.min.js"></script>
  <script type="text/javascript">
$(document).ready(function(){
  listArr=new Array("音乐","排球","羽毛球","篮球","游泳");
  index=0;
  $("ul").delegate("li","click",function(){
    $(this).append("<li>"+listArr[index]+"</li>")
    index++;
    index%=5;
  })
});
</script>
```

```
    </head>
    <body>
    <ul>
      <li>足球</li>
    </ul>
    </body>
    </html>
```

3. jQuery 事件的方法

jQuery 提供了一组事件相关的方法，用于处理各种 HTML 事件。jQuery 常用事件及说明如表 8-7 所示。

表 8-7　jQuery 常用事件及说明

事件函数	说　　明
$("选择器").click()	鼠标单击触发事件，参数可选（data，function）
$("选择器").dblclick()	双击触发事件，参数可选（data，function）
$("选择器").mousedown()/mouseup()	鼠标按下/弹起触发事件
$("选择器").mousemove()	鼠标移动触发事件
$("选择器").mouseover()/mouseout()	鼠标移入/移出触发事件
$("选择器").mouseenter()/mouseleave()	鼠标进入/离开触发事件
$("选择器").hover(func1,func2)	鼠标移入调用 func1 函数，移出调用 func2 函数
$("选择器").focusin()	鼠标聚焦到该元素时触发事件
$("选择器").focusout()	鼠标失去焦点时触发事件
$("选择器"). focus()/.blur()	鼠标聚焦/失去焦点触发事件（不支持冒泡）
$("选择器").change()	表单元素发生改变时触发事件
$("选择器").select()	文本元素被选中时触发事件
$("选择器").submit()	表单提交动作触发事件
$("选择器").keydown()/keyup()	键盘按键按下/弹起触发事件
$("选择器").keypress()	键盘按下过程中触发事件

例 8-20 是当用户单击按钮后，在一个 DIV 块上按住左键不放进行拖动，这个 DIV 块会跟随鼠标移动，当用户松开左键之后，DIV 块会停止跟随。

例 8-20　example8-20.html

```
<!doctype html>
<html>
  <head>
  <meta charset="utf-8">
  <title>事件举例</title>
  <style>
  #mydiv{background:#00BFFF;position:absolute;width:100px;height:100px;}
  </style>
```

扫一扫，看视频

```
<script src="js/jquery-1.11.2.min.js"></script>
<script type="text/javascript">
$(function(){
  $("#btn").click(function(){                        //按钮的单击事件
    $("#mydiv").mousedown(function(event) {          //DIV 块的鼠标按下事件
      var offset = $("#mydiv").offset();             //获取 DIV 块的位置
      x1 = event.clientX - offset.left;
      y1 = event.clientY - offset.top;
      $("#mydiv").mousemove(function(event) {        //鼠标移动事件
          //设置 DIV 块移动后的新位置
          $("#mydiv").css("left", (event.clientX - x1) + "px");
          $("#mydiv").css("top", (event.clientY - y1) + "px");
      });
      $("#mydiv").mouseup(function(event) {          //鼠标左键抬起事件
          $("#mydiv").unbind("mousemove");           //删除鼠标移动事件
      });
    });
  })
})
</script>
</head>
<body>
<button id="btn">鼠标拖动</button>
<div id="mydiv"></div>
</body>
</html>
```

8.5　jQuery 动画特效

8.5.1　显示与隐藏

在 JavaScript 中，如果需要显示或隐藏网页上的一个元素，需要设置该元素的 display 属性值为"inline/none"。如果在 jQuery 中完成类似功能，可以使用 jQuery 提供的 show()方法显示，使用 hide()方法进行隐藏。其语法格式如下所示：

```
$("选择器").hide(speed,callback)
$("选择器").show(speed,callback)
```

其中，speed 参数是可选项，用来表示完成显示或隐藏所用的时间（单位是毫秒），该参数也可取 slow 或者 fast；callback 参数也是可选项，用来表示回调函数，当在规定的时间内完成显示或隐藏后所执行的函数。

例 8-21 在网页中显示一个段落，当用户单击"隐藏"按钮后，这个段落会在 2 秒内消失，再次单击"显示"按钮，这个段落会在 2 秒内显示出来。其在浏览器中的执行结果如图 8-16 所示，单击"隐藏"按钮后，显示结果如图 8-17 所示。

例 8-21　　example8-21.html

```html
<!doctype html>
<html>
  <head>
  <meta charset="utf-8">
  <title>jQuery 显示与隐藏</title>
  <style>
      p{width:200px;
        height:200px;
        background-color:pink;
        text-align:center;
        line-height:200px;
       }
  </style>
  <script src="js/jquery-1.11.2.min.js"></script>
  <script type="text/javascript">
  $(document).ready(function(){
    $(".btn1").click(function(){
     $("p").hide(2000);
     });
     $(".btn2").click(function(){
        $("p").show(2000);
     });
  });
  </script>
  </head>
  <body>
  <body>
      <p>这是一个测试段落！</p>
      <button class="btn1">隐藏</button>
      <button class="btn2">显示</button>
  </body>
  </html>
  </body>
</html>
```

图 8-16　example8-21.html 显示的结果

图 8-17　example8-21.html 隐藏的结果

例 8-21 是使用 show()和 hide()两个方法进行显示与隐藏的切换。在 jQuery 中还可以使用 toggle()方法进行这种切换，即如果指定元素是显示则将其隐藏，如果是隐藏就将其显示。该方法所带参数与 show()方法相同。实现例 8-21 的功能，可将源代码中的两个按钮单击事件换成一个按钮单击事件，如下所示：

```
$(".btn1").click(function(){
    $("p").toggle(2000);   //显示与隐藏切换的方法
});
```

8.5.2 淡入与淡出

jQuery 拥有四种淡入或淡出的方法：fadeIn()用于淡入已隐藏的元素；fadeOut()用于淡出可见元素；fadeToggle()可以在 fadeIn()与 fadeOut()方法之间切换，如果元素已淡出，则 fadeToggle()会向元素添加淡入效果，如果元素已淡入，则 fadeToggle()会向元素添加淡出效果；fadeTo()允许渐变到指定的不透明度。淡入与淡出方法的语法格式如下所示：

```
$(selector).fadeIn(speed,callback);
$(selector).fadeOut(speed,callback);
$(selector).fadeToggle(speed,callback);
$(selector).fadeTo(speed,opacity,callback);
```

其中，speed 和 callback 参数的含义与 8.5.1 小节中的 show()方法相同；opacity 参数指渐变的不透明度，这个不透明度的取值范围是 0~1 之间的小数，0 是完全透明，1 是不透明。

例 8-22 在网页中显示一个 DIV 块，并有四个按钮，分别是显示、隐藏、合成、半透明。用户单击某个按钮，这个 DIV 块将显示成指定的样式。

例 8-22　example8-22.html

```
<!doctype html>
<html>
  <head>
  <meta charset="utf-8">
  <title>jQuery 淡入淡出</title>
  <style>
    #div1{
        width:200px;
        height:200px;
        background-color:pink;
        text-align:center;
        line-height:200px;
    }
  </style>
  <script src="js/jquery-1.11.2.min.js"></script>
  <script type="text/javascript">
  $(document).ready(function(){
```

扫一扫，看视频

```
    $('#btnFadeIn').click(function(){    //渐变显示按钮单击事件
        $('#div1').fadeIn(1000);        //1000 毫秒，表示动画渐变过程的时间
    });
    $('#btnFadeOut').click(function(){    //渐变隐藏按钮
        $('#div1').fadeOut(1000);
    });
    $('#btnTotal').click(function(){    //合成按钮
        $('#div1').fadeToggle(1000);
    });
    $('#btnBan').click(function(){    //半透明显示按钮
        $('#div1').fadeTo(1000,0.5);    //透明度指定为 0.5，改变 CSS 中的 opacity 属性
    });
});
</script>
</head>
<body>
    <input type="button" id="btnFadeIn" value="显示"/>
    <input type="button" id="btnFadeOut" value="隐藏"/>
    <input type="button" id="btnTotal" value="合成"/>
    <input type="button" id="btnBan" value="半透明"/>
    <div id="div1"></div>
</body>
</html>
```

8.5.3　向上或向下滑动

可以使用 slideUp()和 slideDown()方法在页面中滑动元素，前者用于向上滑动元素，后者用于向下滑动元素，其调用方法的语法格式分别为：

```
$(selector).slideUp(speed,[callback])
$(selector).slideDown(speed,[callback])
```

其中，speed 参数为滑动时的速度，单位是毫秒，可选项参数 callback 为滑动成功后执行的回调函数名。需要强调的是，slideDown()仅适用于被隐藏的元素，对于已经被显示在网页中的元素没有任何效果的；slideUp()则相反。

另外，slideToggle()可以在 slideUp()与 slideDown()方法之间进行切换；如果元素已经向上滑动并隐藏，则进行向下滑动操作，如果元素已经显示出来，则进行向上滑动操作，使元素隐藏起来。该方法的调用语法格式为：

```
$(selector).slideToggle(speed,[callback])
```

例 8-23 是一个仿 QQ 好友列表的代码。当用户单击好友分类后，会把该分类的好友全部展现出来，当再次单击该好友分类时，则把该好友分类折叠起来，在浏览器中折叠与展开好友的页面如图 8-18 和图 8-19 所示。

例 8-23　example8-23.html

```html
<!doctype html>
<html>
 <head>
 <meta charset="utf-8">
 <title>jQuery 仿 QQ 好友列表</title>
 <script src="js/jquery-1.11.2.min.js"></script>
 <script>
 $(function(){
     $(".subMenuItem").eq(0).show();
     $(".subMenuTitle").click(function(){
         $(".subMenuItem").slideUp();
         $(".MenuItem b").text("▶");
         if($(this).next().is(":hidden")){
             $(this).next().slideDown();
             $(this).find("b").text("▼");
         }
     });
 })
 </script>
 <style>
 *{margin:0px; padding:0px;}
 #box{width:100px; height:500px; background:#FCF;}
 #box ul{list-style:none;}
 #box ul li.MenuItem{width:100%;  background:#F9C;}
 #box ul li a{text-decoration:none;}
 #box ul li a{margin-left:5px;}
 #box ul li ul{display:none;}
 #box ul li ul li{width:100%; height:25px; background:#9CF; margin-bottom:2px;
text-align:center; line-height:25px;}
 </style>
 </head>
 <body>
 <div id="box">
   <ul class="menu">
     <li class="MenuItem">
      <a href="#" class="subMenuTitle">
       <b>▼</b> 好友
       </a>
       <ul class="subMenuItem">
         <li><a href="#">好友 1</a></li>
         <li><a href="#">好友 2</a></li>
         <li><a href="#">好友 3</a></li>
       </ul>
     </li>
       <li class="MenuItem">
```

```
      <a href="#" class="subMenuTitle">
       <b>►</b> 朋友
      </a>
      <ul class="subMenuItem">
       <li><a href="#">朋友 1</a></li>
       <li><a href="#">朋友 2</a></li>
       <li><a href="#">朋友 3</a></li>
       <li><a href="#">朋友 4</a></li>
      </ul>
     </li>
     <li class="MenuItem">
      <a href="#" class="subMenuTitle">
       <b>►</b> 同学
      </a>
      <ul class="subMenuItem">
       <li><a href="#">同学 1</a></li>
       <li><a href="#">同学 2</a></li>
      </ul>
     </⌐i>
     <li class="MenuItem">
      <a href="#" class="subMenuTitle">
       <b>►</b> 家人
      </a>
      <ul class="subMenuItem">
       <li><a href="#">家人 1</a></li>
       <li><a href="#">家人 2</a></li>
       <li><a href="#">家人 3</a></li>
      </ul>
     </li>
    </ul>
  </div>
  </body>
</html>
```

图 8-18　折叠好友

图 8-19　展开好友

8.5.4　自定义动画

有些复杂的动画通过之前学到的几个动画函数是不能够实现的，需要引进自定义动画的 animate()方法，该方法执行 CSS 属性集的自定义动画，通过 CSS 样式将元素从一个状态改变为另一个状态。CSS 属性值是逐渐改变的，这样就可以创建动画效果。自定义动画的语法格式如下所示：

```
animate(params,speed,callback)
```

其中，params 是一个包含样式属性及值的映射，例如{键 1 :值 1 [,键 2 :值 2]}；speed 和 callback 参数与前面几个动画函数定义中的参数含义相同，speed 是速度定义参数，callback 是回调函数。

1. 简单动画

例 8-24 在页面中显示一个红色 div 块，当用户单击该 div 块后其在页面上横向移动。需要说明的是，为了使元素动起来，可以改变 left 属性使元素在水平方向移动；改变 top 属性可以使元素在垂直方向移动。为了能使元素的 top、right、bottom、left 属性值起作用，还必须声明元素的 position 属性。

例 8-24　example8-24.html

```html
<!doctype html>
<html>
  <head>
  <meta charset="utf-8">
  <title>animate 方法自定义动画</title>
  <script src="js/jquery-1.11.2.min.js"></script>
  <script>
  $(function(){
    //DIV 块的单击事件处理函数
    $("#box").click(function(){
      //执行动画，向左移动 100 像素，使用时间为 1 秒
      $(this).animate({left:"100px"},1000); //1 秒内将 left 属性改变成 100 像素
    })
  })
  </script>
  <style>
  #box{
    position:relative;       /*设置为相对定位，如果这句没有，元素不能移动*/
    width:200px;             /*DIV 块的宽度为 200 像素*/
    height:200px;            /*DIV 块的高度为 200 像素*/
    background:red;          /*DIV 块的背景颜色为红色*/
    cursor:pointer;          /*设定鼠标指针样式*/
  }
  </style></head>
```

```
<body>
 <div>
   <div id="box"></div>
 </div>
 </body>
</html>
```

2. 累加或累减动画

例 8-24 中当 DIV 移动到距离左边 100px 的位置之后，再次单击 DIV 块，DIV 块将不会移动。虽然再次单击 DIV 块仍然会触发执行 DIV 单击事件匿名函数，但因为 DIV 已经在距离左边 100px 的位置，所以位置不会再发生变化。如果再次单击 DIV 块时想让 DIV 块往右移动 100px，即 left 值变为 200px，第 3 次单击 DIV 块时，DIV 再往右移动 100px，即 left 属性值变为 300px，以此类推下去，即每次 DIV 的 left 属性值都在前次动画结束时 left 属性值的基础上增加 100px，可通过如下 jQuery 代码实现：

```
$("#box").click(function(){
$(this).animate({left:"+=100px"},1000)
})
```

同理，如果要实现累减动画，只需要把 "+=" 变成 "-="。

3. 多重动画

例 8-24 通过控制 left 属性值改变 DIV 块的位置，这是很单一的动画。如果需要同时执行多个动画，例如在 DIV 块向右滑动的同时放大其高度，改变其透明度，根据 animate()方法的语法结构，可以通过如下 jQuery 代码实现：

```
$("#box").click(function(){
    $(this).animate({left:'+=100px',
                     height:'400px',
                     opacity:'0.5'
      },1000)
})
```

4. 动画队列

上例中的 3 个动画效果是同时发生的,如果想顺序执行这 3 个动画,例如先向左滑动 100px，然后把高度放大到 400px，最后把透明度改为 0.5，实现以上内容可以采用链式写法，可以通过如下 jQuery 代码实现：

```
$("#box").click(function(){
    $(this).animate({left:"+=25px"},500)
           .animate({height:"+=20px"},500)
           .animate({opacity:"-=0.1"},500)
    })
})
```

5. 动画回调函数

在上例中，如果想在最后一步切换 CSS 样式（background:blue），而不是淡出，按照前面的链式处理，其 jQuery 代码实现如下：

```
$("#box").click(function(){
    $(this).animate({left:"+=25px"},500)
            .animate({height:"+=20px"},500)
            .animate({opacity:"-=0.1"},500)
                .css('background','blue')
    })
})
```

其中，css()方法并不会在动画队列中排队，也就是说不是等 DIV 块向右移动、高度变大、透明度改变完成之后才改变背景色。出现这个问题的原因是 css()方法并不是动画方法，不会被加入动画队列中排队，而是插队立即执行。如果要实现预期的效果，必须使用回调函数让非动画方法实现排队。其 jQuery 实现代码如下：

```
$("#box").click(function(){
    $(this).animate({left:"+=25px"},500)
            .animate({height:"+=20px"},500)
            .animate({opacity:"-=0.1"},500,function(){
                $(this).css('background','blue')
            })
})
```

8.5.5 停止动画

1. 停止元素的动画

网页中有时需要停止匹配元素正在进行的动画，这时要使用停止元素的动画方法 stop()，其语法格式如下所示：

```
stop([clearQueue],[gotoEnd])
```

其中，clearQueue 和 gotoEnd 都是可选参数，为布尔值，即 true 或 false，默认值都是 false，clearQueue 代表是否要清空未执行完的动画队列，gotoEnd 代表是否直接将正在执行的动画跳转到末状态，注意不是动画队列中最后一个动画的末状态。由于 clearQueue 和 gotoEnd 都为可选参数，stop()方法有以下几种应用方法。

第一种是两个参数都为 false 的情况，即 stop(false,false)，由于 false 是默认值，因此也可简写为 stop()，表示不将正在执行的动画跳转到末状态，不清空动画队列。也就是说，停止当前动画，并从目前的动画状态开始动画队列中的下一个动画。

第二种是第一个参数为 true 的情况，即 stop(true,false)，由于 false 是默认值，因此也可简写为 stop(true)，表示不将正在执行的动画跳转到末状态，但清空动画队列。也就是说，停止所有动画，保持当前状态，瞬间停止。

第三种是第二个参数为 true 的情况，即 stop(false,true)，表示不清空动画队列，将正在执行的动画跳转到末状态，也就是说，停止当前动画，跳转到当前动画的末状态，然后进入队列中的下一个动画。

第四种是两个参数都为 true 的情况，即 stop(true,true)，表示既清空动画队列，又将正在执行的动画跳转到末状态。也就是说，停止所有动画，跳转到当前动画的末状态。

例 8-25 是对 stop()方法的四种情况的实例演示，应重点理解这四种情况的使用环境。

例 8-25 example8-25.html

```html
<!doctype html>
<html>
 <head>
 <meta charset="utf-8">
 <title>animate 方法自定义动画</title>
 <script src="js/jquery-1.11.2.min.js"></script>
 <script>
 $(function(){
   $("button:eq(0)").click(function(){
     $("#panel").animate({height:"150"}, 1000)
               .animate({width:"300"},1000).hide(2000)
               .animate({height:"show",width:"show",opacity:"show"},1000)
               .animate({height:"500"},1000);
   });
   $("button:eq(1)").click(function(){
     $("#panel").stop();                    //停止当前动画，继续下一个动画
   });
   $("button:eq(2)").click(function(){
     $("#panel").stop(true);                //清除元素的所有动画
   });
   $("button:eq(3)").click(function(){
     $("#panel").stop(false, true);         //让当前动画直接到达末状态，继续下一个动画
   });
   $("button:eq(4)").click(function(){
     $("#panel").stop(true, true);          //清除元素的所有动画，让当前动画到达末状态
   });
 })
 </script>
 </head>
 <body>
 <button>开始一连串动画</button>
 <button>stop()</button>
 <button>stop(true)</button>
 <button>stop(false,true)</button>
 <button>stop(true,true)</button>
```

```
<div id="panel">
  <h5 class="head">什么是jQuery?</h5>
  <div class="content">
    jQuery。
  </div>
</div>
</body>
</html>
```

例 8-25 的说明如下：

（1）单击按钮（stop()），由于两个参数都是 false，所以单击发生时，animate 没有跳到当前动画（动画 1）的最终效果，而直接进入动画 2，然后动画 3、4、5，直至完成整个动画。

（2）单击按钮（stop(true)），由于第一个参数是 true，第二个参数是 false，所以 animate 立刻全部停止了。

（3）单击按钮（stop(false,true)），由于第一个参数是 false，第二个参数是 true，所以单击发生时，animate 身处的当前动画（动画 1）停止，并且 animate 直接跳到当前动画（动画 1）的最终末尾效果的位置，接着正常执行下面的动画（动画 2、3、4、5），直至完成整个动画。

（4）单位按钮（stop(true,true)），由于两个参数都是 true，所以单击发生时，animate 跳到当前动画（动画 1）的最终末尾效果的位置，然后全部动画停止。

jQuery 中的 stop()方法有许多非常有效的用法。例如一个下拉菜单，当鼠标移上去的时候显示菜单，当鼠标离开的时候隐藏菜单，如果快速不断地将鼠标移入移出菜单（即菜单下拉动画未完成时，鼠标又移出了菜单）就会产生"动画积累"，当鼠标停止移动后，积累的动画还会持续执行，直到动画序列执行完毕。遇到这种情况时在写动画效果的代码前加入 stop(true,true)，这样每次快速地移入移出菜单就正常了，当移入一个菜单的时候，停止所有加入队列的动画，完成当前的动画（跳至当前动画的最终效果位置）。

2. 判断元素是否处于动画状态

在使用 animate()方法的时候，要避免动画积累而导致的动画与用户行为不一致，用户快速地在某个元素上执行 animate 动画时就会出现动画积累，即前一个动画还没结束，后一个动画已开始。解决办法是判断元素是否正处于动画状态，如果元素不处于动画状态，才为元素添加新的动画，否则不添加。其 jQuery 实现代码如下：

```
if(!$(element).is(":animated")){        //判断元素是否处于动画状态
//如果当前没有进行动画，则添加新动画
}
```

3. 延迟动画

jQuery 中 delay()方法的功能是设置一个延时值来推迟动画效果的执行，调用格式为：

```
$(selector).delay(duration)
```

其中，duration 参数为延时值，单位是毫秒，当超过延时值时，动画继续执行。delay 与

setTimeout 函数是有区别的，delay 更适合可以将队列中等待执行的下一个动画延迟指定的时间后才执行，常用在队列中的两个 jQuery 效果函数之间，从而在上一个动画效果执行后延迟下一个动画效果的执行时间。

例如，可以在< div id="box">的 slideUp()和 fadeIn()动画之间添加 800 毫秒的延时，jQuery 实现代码格式如下：

```
s('#box').slideUp(300).delay(800).fadeIn(400)
```

这条语句执行后，元素会有 300 毫秒的卷起动画，接着暂停 800 毫秒，再实现 400 毫秒的淡入动画。

本章小结

在 Web 应用程序中，大多数网页是由 HTML 语言设计的，在 HTML 语言中可以嵌入 JavaScript 语言，为 HTML 网页添加动态功能，例如响应用户的各种操作等。本章介绍的 jQuery 是 JavaScript 的一个轻量级脚本库，jQuery 的语法很简单，核心理念是"write less, do more！"(事半功倍)，相比而言，实现同样的功能时需要编写的代码更少。jQuery 还可以实现很多动画特效，从而使页面动感十足。

本章首先介绍了 jQuery 的基本概念和常用选择器，帮助读者理解如何能够准确且快速地选中网页的指定元素或标记；然后详细讲解了 jQuery 的 DOM 操作，相比 JavaScript 操作要简单很多；再对 jQuery 的事件处理方法进行了细致的阐述，让用户能根据不同的事件定义不同的事件处理程序；最后对 jQuery 的动画处理方法进行了讲解。本章配有大量与实际网页制作紧密相关的实例以帮助读者理解所学内容，为今后的网页前端开发打下良好的基础。

习 题 八

一、选择题

1.（　　）不是 jQuery 的选择器。

　　A. 基本选择器　　　　　B. 层次选择器　　　　　C. CSS 选择器　　　　　D. 表单选择器

2. DOM 加载完成后要执行的函数，（　　）是正确的。

　　A. jQuery(expression, [context])　　　　　　　B. jQuery(html,[ownerDocument])

　　C. jQuery(callback)　　　　　　　　　　　　D. jQuery(elements)

3.（　　）方法用来追加到指定元素的末尾。

　　A. insertAfter()　　　　B. append()　　　　C. appendTo()　　　　D. after()

4. 在 jQuery 中想要找到所有元素的兄弟元素，（　　）是可以实现的。

A. eq(index)　　　　　B. find(expr)　　　　　C. siblings([expr])　　　D. next()

5. 如果需要匹配包含文本的元素，用（　　）来实现。

A. text()　　　　　　B. contains()　　　　　C. input()　　　　　　D. attr(name)

6. 如果想要找到一个表格的指定行数的元素，用（　　）方法可以快速找到指定元素。

A. text()　　　　　　B. get()　　　　　　　C. eq()　　　　　　　D. contents( )

7. （　　）操作不属于 jQuery 的筛选。

A. 过滤　　　　　　　B. 自动　　　　　　　C. 查找　　　　　　　D. 串联

8. 在 jQuery 中，如果想要从 DOM 中删除所有匹配的元素，（　　）是正确的。

A. delete()　　　　　B. empty()　　　　　　C. remove()　　　　　D. removeAll()

9. （　　）能获得焦点。

A. blur()　　　　　　B. select()　　　　　　C. focus()　　　　　D. onfocus()

10. （　　）不能够正确地选中下面这个 input 标签。

```
<input id="btnGo" type="buttom" value="点击" class="btn">
```

A. $("#btnGo")　　　　　　　　　　　B. $(".btnGo")

C. $(".btn")　　　　　　　　　　　　D. $("input[type='button']")

二、填空题

1. 现有一个表格，如果要匹配所有行数为偶数的 jQuery 语句用_____实现，匹配所有行数为奇数的用_____实现。

2. 在<ul>元素中，添加了多个<li>元素，通过 jQuery 选择器获取第一个元素的 jQuery 语句用_____实现，获取第二个元素用_____实现，获取最后一个元素用_____实现。

3. 在三个<ul>元素中，分别添加多个<li>元素，通过 jQuery 中的子元素选择器将这三个<ul>元素中的第一个<li>元素隐藏，代码是_____。

4. 在 jQuery 中，用一个表达式来检查当前选择的元素集合，使用_____来实现，如果这个表达式失效，则返回_____值。

5. jQuery 中的选择器大致分为_____、_____、_____、_____。

6. 在编写页面的时候，如果想要获取指定元素在当前窗口的相对偏移，用_____来实现，该方法的返回值有两个属性，分别是_____和_____。

7. 在一个表单中，如果将所有的 div 元素都设置为绿色，实现的 jQuery 语句是_____。

8. 在 jQuery 中，当鼠标指针悬停在被选元素上时要运行两个方法，实现该操作的是_____。

9. 在 jQuery 中，想让一个元素隐藏，用_____实现，显示隐藏的元素用_____实现。

10. 在 div 元素中，包含一个<span>元素，通过 has 选择器选中<div>元素中包含<span>元素的语法是_____。

三、简答题

1. 什么是 jQuery?

2. 简述$(document).ready( )和 window.onload 事件的区别。

3. jQuery 中的选择器和 CSS 中的选择器有区别吗?

4. 写出设置和获取 HTML 和文本值的 jQuery 语句。

5. jQuery 的符号$有什么作用?

6. 编写一段代码,使用 jQuery 将页面上所有元素的边框设置为 2px 宽的虚线。

实验八 jQuery 实验

实验 8-1 QQ 好友列表

一、实验目的

1. 掌握 jQuery 的引用方法;

2. 掌握 jQuery 的选择器和操作的基本使用;

3. 掌握 JavaScript 脚本的基本语法规则;

4. 重点培养 jQuery 的应用能力。

二、实验内容

要求根据自己的 QQ 实际情况,实现如下好友列表的隐藏与展示。如实验图 8-1 所示,当用户单击"我的设备"时,能把"我的设备"下的联系人展开显示,再次单击"我的设备"时,把"我的设备"下的联系人隐藏。注意"我的设备"前三角形小图标的变化。

实验图 8-1

提示:用到的 jQuery 操作包括:

(1) show();显示。

(2) hide();隐藏。

(3) toggle();交互。

(4) attr();改变选中元素的属性。

三、实验报告撰写要求

1. 实验目的。
2. 实验使用的工具软件。
3. 实验内容（提示：把源代码加上，可以只写关键代码）。
4. 实验总结（提示：实验遇到的主要问题及解决方法）。

实验 8-2　淘宝幻灯片

一、实验目的

1. 掌握 jQuery 的引用方法；
2. 掌握 jQuery 的选择器和操作的基本使用；
3. 掌握 JavaScript 脚本的基本语法规则；
4. 重点培养 jQuery 的应用能力。

二、实验内容

根据淘宝上的幻灯片制作。注意图片定时向左运动，实验图 8-2 中有小圆点按钮，当单击这些按钮时能转到指定的图片，另外还有两个按钮，当单击时，分别显示上一张或下一张图片的操作。

实验图 8-2

三、实验报告撰写要求

1. 实验目的。
2. 实验使用的工具软件。
3. 实验内容（提示：把源代码加上，可以只写关键代码）。
4. 实验总结（提示：实验遇到的主要问题及解决方法）。

参 考 文 献

［1］陈矗．Web 编程基础——HTML、CSS、JavaScript．北京：清华大学出版社，2016．

［2］卢淑萍．JavaScript 与 jQuery 实战教程．北京：清华大学出版社，2015．

［3］姚敦红．jQuery 程序设计基础教程．北京：人民邮电出版社，2016．

［4］刘兵．Web 程序设计及应用．北京：中国水利水电出版社，2014．

［5］胡晓霞．HTML+CSS+JavaScript 网页设计从入门到精通．北京：清华大学出版社，2017．

［6］李晓斌．Div+CSS 3+jQuery 网页布局案例精粹．北京：电子工业出版社，2015．